BIBLIOTHÈQUE D'HORTICULTURE

(ENCYCLOPÉDIE HORTICOLE)

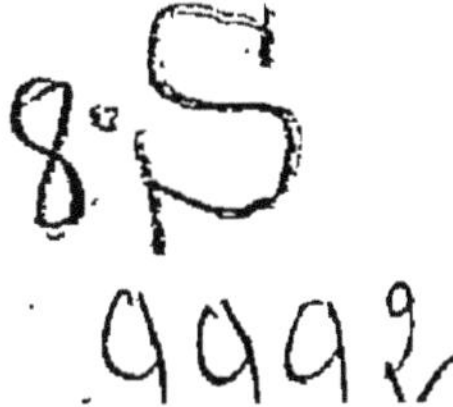

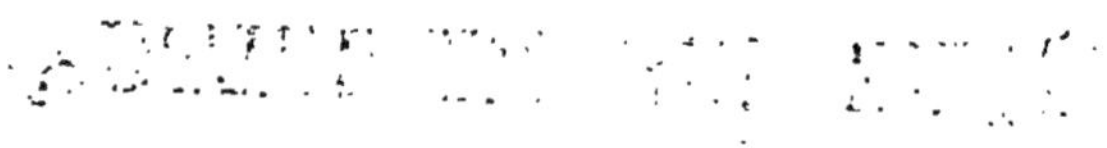

LES CLÉMATITES

HISTORIQUE, DESCRIPTION DES ESPÈCES CULTIVÉES
LEURS VARIÉTÉS ET LEUR ROLE DANS LA PRODUCTION
DES HYBRIDES A GRANDES FLEURS
MULTIPLICATION, CULTURE, EMPLOIS DÉCORATIFS, FORCAGE
CHOIX DES VARIÉTÉS HORTICOLES, ETC.

LES CHÈVREFEUILLES GRIMPANTS, BIGNONES
GLYCINES
ARISTOLOCHES ET PASSIFLORES

DESCRIPTION, CULTURE, MULTIPLICATION, EMPLOIS HORTICOLES, ETC.

PAR

Georges BOUCHER
HORTICULTEUR
Membre de la S. N^le d'Horticulture

S. MOTTET
MEMBRE
de la Société N^le d'Horticulture

AVEC 30 FIGURES DANS LE TEXTE

PARIS

OCTAVE DOIN
ÉDITEUR
8, PLACE DE L'ODÉON, 8

LIBRAIRIE AGRICOLE
DE LA MAISON RUSTIQUE
26, RUE JACOB, 26

1898

A LA MÉMOIRE

DE FEU

AUGUSTE ROY

UN DES PLUS ARDENTS PROPAGATEURS DES CLÉMATITES
A GRANDES FLEURS

Les Auteurs dédient cet ouvrage.

DICTIONNAIRE PRATIQUE D'HORTICULTURE & DE JARDINAGE

ILLUSTRÉ DE PLUS DE 5,000 FIGURES DANS LE TEXTE

et de 80 planches chromolithographiées, hors texte

Comprenant la description et la culture des plantes cultivées dans les jardins et les serres, la culture potagère, l'Arboriculture, l'Entomologie, la Cryptogamie, la Chimie horticole, la définition des termes botaniques et horticoles, la description des outils et accessoires employés en horticulture, etc. — Par **G. NICHOLSON**, Conservateur des jardins de Kew. — Traduit, mis à jour et adapté à notre climat, à nos usages, etc.

PAR S. MOTTET

MEMBRE DE LA SOCIÉTÉ NATIONALE D'HORTICULTURE DE FRANCE

Avec la collaboration de MM. Vilmorin-Andrieux et Cie, G. Alluard, E. André G. Bellair, G. Legros, etc.

Il est publié par livraisons de 48 pages grand in-8° (avec planche coloriée), paraissant une fois par mois, et formera 5 gros volumes de 16 livraisons chaque; soit en tout 80 livraisons. — Chaque livraison *franco*, Prix.................. **1 fr. 50**

(*Soixante-et-douze livraisons sont parues, juin* 1898.)

La Mosaïculture. Historique, Choix des couleurs, Tracé, Plantation, Entretien, Description, Usages et Multiplication des espèces employées, etc. — Troisième édition, revue et augmentée, 1898. Un vol. in-18, cart. toile, de 160 pages, avec 69 figures de plantes et 73 diagrammes de mosaïques, avec légende explicative........................... 2 fr. »

Petit Guide pratique du Jardinage. (Ouvrage couronné du *Prix Joubert de l'Hiberderie* par la Société nationale d'horticulture de France). — Création et entretien d'un petit jardin. Culture et multiplication des végétaux. Plantes potagères, Arbres fruitiers, Arbres et Arbustes d'ornement, Principales fleurs rustiques, Gazons, Calendrier des semis et travaux, etc. Deuxième édition, revue et augmentée.

Un vol. in-18, cart. toile, de 350 p., 317 fig. Prix.. **3 fr. 50**

Guide élémentaire de Multiplication. (Ouvrage couronné d'une *médaille d'argent* par la Société nationale d'horticulture de France). — Etudes des différents moyens d'effectuer des semis, boutures, marcottes, greffes et divisions. 1 vol. in-18, cartonné toile, de 200 pages, avec 85 figures **2 fr. »**

En collaboration avec M. Cochet-Cochet.

Les Rosiers (Ouvrage couronné d'une médaille de Vermeil par la Société Nationale d'Horticulture de France). Historique, Classification, Description, Culture, Taille, Forçage, Multiplication, Fécondation artificielle, Choix de variétés, Maladies, Insectes, etc.

Un vol. in-18, cart. toile, de 270 p., 53 fig. Prix.. **2 fr. 50**

INDEX MÉTHODIQUE

DES CHAPITRES

DEUXIÈME PARTIE. — **Chèvrefeuilles grimpants, Bignones, Glycines, Aristoloches et Passiflores.**

PRÉFACE

La Clématite, telle que nous la connaissons aujourd'hui, est assurément la reine des plantes grimpantes. La délicatesse et la beauté de ses nombreuses formes à grandes fleurs rendent un éclatant témoignage à l'art à la fois patient et sagace des quelques habiles semeurs qui en ont fait une plante d'ornement de premier ordre.

Parmi ceux qui ont su l'apprécier et en répandre le goût, il serait injuste de ne pas placer feu Auguste Roy.

L'Horticulture lui doit d'avoir été un des premiers ayant compris le parti qu'on pouvait en tirer au point de vue décoratif. Lui dédier ce modeste volume n'était qu'un faible, mais juste hommage rendu à sa mémoire.

Si nous disons que ce volume est modeste, nous espérons néanmoins que sa publication sera bien accueillie, car elle comble un vide, ne pensant pas qu'il existât d'ouvrage conçu dans le sens de celui-ci.

Nous nous sommes efforcés d'y mentionner toutes les indications historiques, descriptives et culturales que nous avons pu réunir. Les chapitres Multiplication et Culture, rédigés dans un sens absolument pratique et d'après les procédés employés dans l'établissement de M. Roy lui-même, tenu actuellement par l'un des auteurs, aplaniront sans doute bien des difficultés de conservation dont se plaignent certains amateurs et nos listes de variétés horticoles les aideront à choisir les plus belles et les mieux adaptées à l'usage qu'ils désirent en faire. Suivant ici le plan adopté pour cette bibliothèque, nous n'avons décrit que les espèces les plus intéressantes par les croisements qu'elles ont produits ou par leur beauté individuelle.

Aux Clématites se joignent, par similitude d'usages, quelques autres genres de plantes remarquables par la beauté de leurs fleurs et importants par leur utilité décorative, entre autres les Chèvrefeuilles, Glycines, Bignones, Aristoloches et Passiflores. Grimpants comme elles, ces arbustes leur sont souvent associés, tant pour varier la floraison et le feuillage que pour augmenter la masse de verdure ou compenser l'excès de gracilité de certaines espèces grandiflores.

Nous avions là autant de raisons pour les comprendre dans un même ouvrage.

Aussi nous espérons que les amateurs trouveront dans ce livre un choix de plantes grimpantes d'une beauté et d'une utilité incontestables pour embellir les murs, les grilles, les berceaux, en un mot tous les supports où elles peuvent se fixer, se développer et montrer toute l'élégance qui les caractérise. Nous souhaitons enfin que nos indications répondent aux désirs des amateurs de ces jolies plantes et gagnent à leur cause de nouveaux adeptes.

G. Boucher. S. Mottet.

Paris, le 30 mai 1898. Verrières-le-Buisson, le 30 mai 1898.

LES CLÉMATITES

PREMIÈRE PARTIE

CHAPITRE PREMIER

HISTORIQUE

Si la culture des Clématites est plus que centenaire, l'obtention des variétés à grandes fleurs, tant admirées aujourd'hui et qui ont supplanté les Clématites de nos ancêtres, ne remonte pas bien loin derrière nous. Il y a cinquante ans à peine, elles étaient à l'aurore de leur apparition, mais, comme pour beaucoup d'autres genres de plantes, leur amélioration fut très rapide, lorsque les espèces qui devaient les produire furent introduites dans les jardins. Ces espèces, qui constituent le groupe *Patens* ou Clématites à grandes fleurs, sont : *C. patens*, *C. lanuginosa*, *C. hakonensis* (*C. Jackmani*). Entre les mains d'habiles semeurs, ces espèces produisirent bientôt, par des croisements successifs entre elles, les variétés auxquelles elles donnèrent naissance et quelques autres existant déjà, la pléiade de variétés que nous admirons aujourd'hui.

Jusque vers la fin du siècle dernier, on cultivait surtout dans les jardins le *C. Flammula*, dont les petites fleurs blanches sont agréablement parfumées ; le *C. Viticella*, aux fleurs moyennes, à quatre sépales bleus, violets ou purpurins ; le *C. recta*, à fleurs blanches, du midi de la France ; le *C. integrifolia*, à fleurs bleues, feuilles simples et tiges dressées, non sarmenteuses ; le *C. orientalis*, à petites fleurs jaunes. Puis, plus rarement, quelques espèces nord-américaines, telles que les *C. Viorna*, *C. crispa*, *C. apiifolia*, *C. virginiana* ainsi que le *C. cirrhosa* de la région méditeranéenne ; en tout une dizaine d'espèces au plus, qui ne laissaient nullement prévoir l'importance horticole que prendrait le genre un siècle plus tard.

Vers 1776, le *C. florida* nous vint du Japon. En 1836, von Siebold importa du même pays le *C. patens*, sous différentes formes obtenues dans les jardins japonais. Le magnifique *C. lanuginosa* fut trouvé en 1850, aux environs de Ningpo (Chine septentrionale), par Robert Fortune, et vers 1880 le Dr Savatier recueillait à l'état sauvage, sur les collines de Hakones, dans l'île de Nipon, au Japon, le vigoureux *C. hakonensis*, propagé dès 1860 par Jackman, horticulteur anglais, qui le donna comme un hybride de son obtention et qu'il répandit sous le nom de *Jackmani*.

Il est à remarquer que toutes ces Clématites sont d'origine asiatique et que, comme pour les Rosiers thés, qui doivent leur existence aux *Rosa indica*, *R. chi-*

nensis et *R. semperflorens*, natifs de ces mêmes pays, la culture des Clématites n'attendait que l'introduction des espèces précitées pour prendre son essor et gagner bien vite l'importance dont elle jouit aujourd'hui.

Lorsque les différents semeurs se furent mis à l'œuvre, ils ne tardèrent pas à faire remarquer leurs gains. Peu de temps après l'introduction des espèces types, M. Isaac Anderson Henry, d'Edimbourg, opéra, en 1855, un croisement des *C. patens* et *C. lanuginosa* et en obtint le *C. reginæ*, à fleurs bleu-lavande, qui fut primé. Quelques années plus tard, MM. Simon-Louis, de Metz, obtenaient, d'un croisement des *C. lanuginosa* et *C. Viticellagrandiflora*, le *C. splendida*, à grandes fleurs rouge brunâtre foncé et de semis du *C. patens*, des variétés améliorées, notamment le *C. Louisa plena*. C'est à M. Briolay-Goiffon, d'Orléans, qu'est dû le *C. aureliana*, obtenu en 1860, du croisement des *C. patens* et *C. lanuginosa* et mis au commerce vers 1865 et, presque simultanément, apparut le magnifique *C. Jackmani*, que nous venons de mentionner.

Les premières obtentions de M. Lemoine, de Nancy, furent : les *Clematis lanuginosa candida*, *C. lanuginosa nivea*, *C. Otto Frœbel*. M. Carré, de Saint-Julien-lès-Troyes, obtint : *C. Gloire de St-Julien*, *C. Impératrice Eugénie*, et M. Dauvesse, d'Orléans, *C. Jeanne d'Arc*.

Parmi les autres semeurs français ayant contribué à l'amélioration de ce beau genre, nous citerons : MM. Boisselot, de Nantes; Christen, de Versailles; Desfossé, d'Orléans; Gégu, d'Angers; Paillet, de Chatenay; Modeste Guérin, de Paris; Gerbeaux, de Nancy; Morel, de Lyon, etc., et comme horticulteurs étrangers : MM. Jackman, de Woking; Henderson, de Londres; Cripps et Sons, de Tunbridge Wells; Noble, de Sunningdale, en Angleterre, etc.

En moins de dix ans, les Clématites firent un progrès immense et s'ouvrirent la grande voie horticole dans laquelle elles sont définitivement entrées. Aujourd'hui, on procède par voie d'élimination dans le choix des variétés, car leur nombre s'élève à plusieurs centaines.

Envisagées dans leur ensemble, les Clématites présentent de grandes variations de port, de forme, de feuillagé, de fleurs et des coloris excessivement variés. Toutes les couleurs fondamentales : le blanc, le rouge, le jaune, le bleu, s'y observent, avec une infinité de nuances intermédiaires passant par degrés successifs d'une couleur à l'autre, et il existe même des panachures, sous forme de bandes médianes. La durée de floraison des espèces, prises dans leur ensemble, s'échelonne depuis avril-mai jusqu'aux gelées; plusieurs variétés, des hybrides surtout, remontent et fleurissent même pendant toute la belle saison. Dans plusieurs espèces, et en particulier dans le *C. Flammula*, nommé pour cela Clématite odorante, nous trouvons un parfum, faible peut-être, mais suave et très agréable.

La littérature botanique et horticole des Clématites est relativement riche, car un très grand nombre d'articles, souvent accompagnés de planches, ont été publiés dans les diverses publications horticoles, mais ce ne sont que des articles spéciaux à des variétés ou à des groupes d'espèces, telles que celles de la section des Tubuleuses, que Decaisne a longuement étudiées et décrites. Nous ne connaissons guère, comme ouvrages spéciaux et généraux à ces plantes, que : *The Clematis as a Garden Flower* (La

Clématite au point de vue horticole) par Thomas Moore et George Jackman; *Les Clématites à grandes fleurs*, par A. Lavallée, magnifique ouvrage descriptif et iconographique, orné de 24 planches noires et la toute récente monographie intitulée : *Les Clématites*, par le Dr Jules Le Bèle, brochure grand in-8° de 60 pages.

Les Clématites n'ont pour ainsi dire aucune propriété économique, étant totalement délaissées aujourd'hui au point de vue pharmaceutique. Elles semblent ainsi uniquement faites pour le plaisir de nos yeux, pour orner nos jardins et les murs de nos habitations. Nous parlerons, du reste, de leurs multiples emplois décoratifs à la suite des chapitres Culture.

CHAPITRE II

DESCRIPTION BOTANIQUE DU GENRE CLEMATIS

Le genre *Clematis*, Linn. est un des plus importants de la famille des *Renonculacées*, dont il constitue le type d'une tribu, celle des *Clématidées*. Sa nomenclature est assez nombreuse, et, les espèces qu'il renferme présentant des caractères génériques souvent fort différents, les botanistes en ont formé les groupes suivants : *Atragene*, Linn. ; *Cheiropsis*, Spach ; *Clematitis*, Tournf. ; *Meclatis*, Spach ; *Muralta*, Adans. ; *Sieboldia*, Hoffmsg. ; *Trigula*, Noronha ; *Valvaria*, Seringe ; *Viorna*, Rchb. f. ; *Viticella*, Dill. Les uns les ont admis, au moins en partie, et les ont élevés au rang de genres, tandis que les autres les ont réduits à l'état de simples sections du genre *Clematis*. Cette dernière opinion, la meilleure, croyons-nous, est celle que Bentham et Hooker ont adoptée dans leur *Genera Plantarum* et que nous suivrons en conséquence pour le groupement des espèces botaniques. Dans cet ouvrage, le genre *Clematis* est divisé seulement en trois groupes : *Viticella*, *Cheiropsis*, *Flammula*. Quant à la description générique suivante, nous lui donnons la plus large envergure, c'est-à-dire celle du genre renfermant tous les sous-genres qu'il a créés.

La nomenclature des espèces de *Clematis* est assez

longue et très confuse, plus de 500 noms ayant été donnés à ces plantes. De ce nombre, la moitié environ est admise par l'*Index Kewensis* (les autres sont des synonymes), et cette liste peut encore être réduite, considérablement même d'après l'*Index Gener. Phaner.*, de Durand, qui n'en admet que soixante-six. Une douzaine environ habite l'Europe et la région méditerranéenne, et la moitié de ce nombre la France. 70 espèces ont été introduites dans les cultures, mais une trentaine seulement y ont persisté et s'y rencontrent encore, quoique plusieurs assez rarement.

Ces plantes sont très largement dispersées sur la surface du globe, mais plus particulièrement abondantes dans les régions tempérées et plusieurs se rencontrent dans les régions montagneuses, telles que les Alpes en Europe, les monts Himalaya en Asie. Quelques-unes s'étendent jusqu'aux régions chaudes de l'Asie, l'Afrique, l'Amérique, et l'Australie même, dont la flore est si spéciale, en possède plusieurs. Grâce à leur origine, le plus grand nombre d'espèces est donc rustique ou à peu près sous nos climats tempérés.

Les *Clematis* sont des plantes très souvent ligneuses, grimpantes (par leurs pétioles qui s'enroulent), ramifiées par dichotomie et plus ou moins longuement sarmenteuses, parfois buissonnantes et dressées (*C. recta*) ou à tiges herbacées, simples et dressées (*C. integrifolia*), à souche toujours vivace, cespiteuse et à racines fibreuses. Ces tiges, souvent grêles, renflées aux nœuds, portent des feuilles toujours opposées, caduques ou parfois persistantes, rarement simples et sessiles (*C. integrifolia*), le plus généralement pétiolées et ternées ou biternées, c'est-à-dire à trois ou neuf folioles petites ou assez amples, glabres ou parfois velues-laineuses en dessous (*C. lanuginosa*) et à bords découpés plus ou moins profondément. Les pétioles et pétiolules, souvent très longs, sont généralement étalés ou même réfléchis et coudés ou enroulés en différents sens et plus ou moins parfaitement autour des

Fig. 1. — CLEMATIS VITICELLA.
a, fleurs; *b*, fruits.

objets environnants, ce qui, joint à l'enlacement des rameaux, permet à la plante de s'accrocher à son support et d'atteindre parfois une très grande hauteur (10 à 15 mètres et plus chez le *C. Vitalba*).

Les fleurs sont très diversement disposées; souvent elles forment des panicules axillaires ou terminales (*C. Flammula*); parfois elles sont fasciculées sur les nœuds (*C. montana*), ou disposées en cymes trichotomes. Elles sont tantôt simplement réunies par trois au sommet des rameaux, tantôt solitaires à l'aisselle des bifurcations des tiges ou au sommet des rameaux et alors souvent longuement pédonculées, dressées ou penchées au sommet de leur pédoncule. Ce dernier porte parfois des bractées opposées, insérées sur sa longueur ou au-dessous de la fleur et en se soudant elles forment alors un involucre calyciforme (*C. balearica*).

Les fleurs sont hermaphrodites, rarement polygames ou dioïques. Le périanthe est dépourvu de corolle et se compose de sépales caducs, colorés, pétaloïdes, le plus souvent au nombre de quatre (*C. Flammula*, *C. Viticella*, etc.), parfois au nombre de cinq à dix chez les espèces à grandes fleurs (*C. patens*, *C. lanuginosa*, *C. florida*) et ce nombre varie même dans les fleurs d'une même plante, surtout chez les hybrides. Les dimensions, la position et même la consistance de ces pièces calycinales sont non moins variables et donnent aux fleurs toutes les différences de formes qu'on observe dans le genre.

Ces sépales sont souvent petits, longs de 1 à 2 centimètres, onguiculés, ovales ou aigus et étalés-dressés, récurvés au sommet et sur les bords (*C. Flammula* et autres) ; tantôt allongés, connivents en forme de tube (*C. tubulosa*), tantôt cordiformes et soudés inférieurement, rendant ainsi la fleur urcéolée (*C. Viorna*, *C. coccinea*), seul le sommet est libre, recurvé et leur consistance est épaisse et coriace. Enfin, chez les Clématites grandiflores, les sépales sont très amples, plans, largement étalés en roue, lancéolés, espacés ou largement ovales et se recouvrant à la base, donnant à la fleur un diamètre qui atteint jusqu'à 20 centimètres chez certaines variétés horticoles; la face externe et parfois l'interne de ces pièces est souvent tapissée de poils fins, soyeux et brillants.

Plus au centre de la fleur, se trouve un grand nombre d'étamines caduques, à filets aplatis, parfois développés en limbe pétaloïde (*Atragene*), portant au sommet une anthère allongée, insérée par sa base et à deux loges déhiscentes par une fente longitudinale.

Le sommet du réceptacle porte un assez grand nombre de carpelles sessiles, aplatis, ovales-arrondis, surmontés d'un style persistant, plus ou moins allongé, parfois glabre (*C. Viticella*), mais généralement plus ou moins longuement plumeux; chaque carpelle est indéhiscent et renferme une graine lenticulaire, ovale.

CHAPITRE III

CLASSIFICATION ET DESCRIPTION DES ESPÈCES ET VARIÉTÉS BOTANIQUES

Comme dans tous les genres nombreux en espèces et présentant une grande diversité de formes, le classement en sections ou groupes naturels, renfermant les espèces qui présentent entre elles un certain nombre de caractères communs s'imposait.

Ce groupement est particulièrement difficile chez les Clématites, par suite de l'excessive variabilité du genre, certains caractères éloignant telle espèce d'un groupe, alors que d'autres non moins importants l'en rapprochent. Aussi, les auteurs ont-ils beaucoup divergé d'opinion dans le choix des caractères à adopter de préférence, pour caractériser chaque classe. Les uns accordent la priorité à ceux que fournissent la découpure des feuilles et la disposition des fleurs, tandis que d'autres les tirent principalement de la forme des fleurs ou de l'ensemble de ces divers caractères. Cette dernière manière de voir prévaut aujourd'hui ; et nous l'adopterons étant, à notre avis, la meilleure. On pourrait établir un grand nombre de sections, si chacune ne devait renfermer que des plantes ayant entre elles de grandes affinités ; mais nous avons pensé qu'il valait mieux ne pas multiplier ces sections outre mesure, afin de leur conserver une certaine envergure.

Notre intention n'est pas de décrire ici toutes les espèces de Clématites ayant été introduites dans les cultures, beaucoup en étant, sinon totalement disparues, du moins reléguées dans de rares jardins botaniques, où elles ne sont guère observées si ce n'est par quelques botanistes et amateurs. Nous restreindrons donc les descriptions suivantes aux espèces rustiques ou à peu près, plus ou moins répandues dans les cultures, et à celles présentant un intérêt particulier, soit par leurs formes spéciales, le rôle qu'elles ont joué dans la production des hybrides, leur beauté ou l'avantage décoratif que leur vulgarisation présente.

Quant au choix et à la description des variétés horticoles, les plus intéressantes au point de vue décoratif, nous en ferons plus loin l'objet d'un chapitre spécial.

TABLEAU DU GROUPEMENT MÉTHODIQUE DES ESPÈCES DÉCRITES

SECTION I. — **Patens.**

C. patens.
C. lanuginosa.
C. hakonensis (C. Jackmani).

SECTION II. — **Floridées.**

C. florida.

SECTION III. — **Viticelles.**

C. Viticella.
C. campaniflora.

SECTION IV. — **Eriostemonées.**

C. eriostemon (C. Hendersoni).
C. crispa.
C. cylindrica.

C. distorta.
C. aromatica.
C. integrifolia.

SECTION V. — **Viornées.**

C. Viorna.
C. reticulata.
C. Pitcheri.
C. texensis (C. coccinea).
C. fusca.

SECTION VI. — **Paniculées.**

C. Vitalba.
C. virginiana.
C. paniculata.
C. Flammula.
C. angustifolia.
C. recta.

SECTION VII. — **Anémoniflores.**

C. montana.
C. orientalis.

SECTION VIII. — **Cheiropsis.**

C. cirrhosa.
C. balearica.

SECTION IX. — **Atragènes.**

C. alpina.

SECTION X. — **Tubuleuses.**

C. tubulosa.
C. Davidiana.
C. Stans.

SECTION Ire. — PATENS

Cette section, de beaucoup la plus importante du genre au point de vue horticole, renferme les types à grandes fleurs étalées, desquels sont sortis, par croisements et métissages successifs, le plus grand nombre des magnifiques variétés cultivées aujourd'hui.

C. patens, Morren et Dcne (Syn. *C. azurea*, Lindl.). Clématite azurée. — Plante très vigoureuse, susceptible d'atteindre une grande hauteur, à feuilles à trois-cinq folioles (plus rarement simples), ovales, lancéolées et entières, à pétioles et pétiolules allongés et accrochants. Fleurs généralement solitaires, axillaires, naissant sur le vieux bois, à six-huit sépales de 7 à 8 centimètres de long, onguiculés et ne se recouvrant pas à la base, puis ovales, oblongs ou lancéolés, mucronés (au moins dans le type), d'un bleu variable, glabres en-dessus et poilus-aranéeux en-dessous, surtout sur les trois nervures principales; étamines nombreuses, à filets aplatis et blanchâtres. Achaines ou fruits mûrs elliptiques, aplatis, brunâtres et surmontés d'une longue aigrette courtement plumeuse et contournée. Fleurit en mai-juin. Introduit du Japon vers 1836.

Cette magnifique espèce était cultivée par les Japonais bien avant que Von Siebold introduisit en Europe les formes suivantes : *Amalia*, *Monstrosa*, *Helena*, *Louisa*, *Sophia*, qui sont devenues classiques, ayant servi aux premières hybridations (on en trouvera la description à la liste des variétés). Ce n'est que plus tard qu'on recueillit la plante sauvage dans l'île de Nipon.

C. lanuginosa, Lindl. Clématite laineuse. — Plante peu sarmenteuse, ne s'élevant pas très haut ; à feuilles caulinaires toujours simples, tandis que celles des rameaux florifères sont à trois folioles longuement pétiolulées, toutes de dimensions semblables, vert franc en dessus, mais fortement velues-laineuses et grisâtres en dessous ainsi que les pétioles. Fleurs terminales, réunies généralement par trois, les plus grandes du genre, à six segments très amples, ovales, se recouvrant à la base, acuminés et mucronés au sommet et longs de

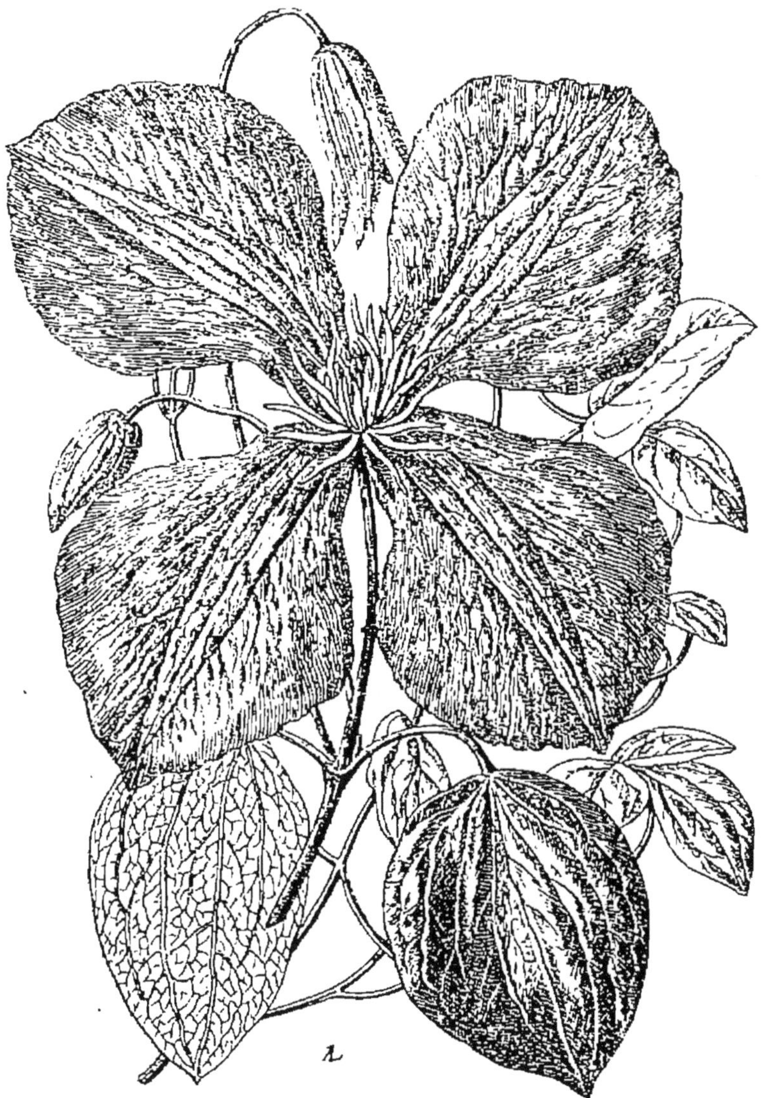

Fig. 2. — CLEMATIS HAKONENSIS (*C. Jackmani*, type).

7 à 8 centimètres, lilas clair, luisants en dessus, avec les trois nervures rapprochées et fortement velus-laineux en dessous, ainsi que les pédoncules. Les étamines et les achaines diffèrent peu de ceux de

l'espèce précédente; les aigrettes sont cependant plus longues. Fleurit à la fin de mai sur le vieux bois et remonte successivement jusqu'en automne, sur les pousses de l'année. Découvert en Chine, près de Ningpo et introduit par Robert Fortune en 1850.

Cette espèce, la plus belle du genre, se distingue facilement de la précédente par ses fleurs plus grandes, à sépales plus larges, se recouvrant à la base et fortement velus (ainsi que les feuilles) sur la face inférieure. Par hybridation avec les *C. patens*, elle a donné naissance à un grand nombre de variétés aux fleurs presque toutes simples, mais très larges, très étoffées, à coloris magnifiques, variant du lilas bleu clair au mauve, au carné et au blanc; quelques variétés sont bicolores.

C. hakonensis, Franch. et Savat (*C. Jackmani*, Hort.) (1). — Plante excessivement vigoureuse, à

(1) L'origine de cette plante, devenue aujourd'hui très populaire sous le nom de *Jackmani*, a été contestée. Dans leur ouvrage « The Clematis as a garden flower », p. 9, MM. Moore et Jackman l'indiquent comme un hybride obtenu par ce dernier, dans son établissement horticole de Woking, en Angleterre, du croisement du *C. lanuginosa* par les *C. Hendersoni* et *C. Viticella atrorubens*, opéré en 1858. La plante fleurit en 1862, fut présentée à la Société d'Horticulture de Londres l'année suivante et décrite pour la première fois en 1865 dans la « Flore des Serres ». Vers 1880, le Dr Savatier découvrit sur les collines de Hakones (d'où le nom *hakonensis*) dans l'île de Nipon, au Japon, une Clématite qui fut décrite par MM. Franchet et Savatier dans leur « Enumération des plantes du Japon », sous le nom de *C. hakonensis*. M. Lavallée vit dans la plante japonaise une ressemblance si parfaite avec la Clématite de M. Jackman qu'il déclara, dans sa remarquable monographie, « Les Clématites, p. 10 », que celle-ci lui était identique, et il mit ainsi en doute son origine hybride.

Notre observation personnelle, basée sur la remarquable constance de tous les caractères de cette plante, qui constitue un type très distinct, nous font partager l'opinion de feu Lavallée.

rameaux longuement sarmenteux et atteignant une très grande hauteur. Feuilles le plus souvent à cinq folioles ovales, atténuées ou sub-cordiformes à la base, longuement acuminées au sommet et presque toujours entières, vert foncé et glabres en dessus, tandis que la face inférieure est velue ainsi que les longs pétioles contournés et les pédoncules. Fleurs ternées et disposées en cymes trichotomes sur les rameaux de l'année, longuement pédonculées, penchées en bouton, puis dressées, à quatre sépales étalés, de 6 à 7 centimètres de long, rétrécis et écartés à la base, puis élargis, ovales et mucronés au sommet, bleu-violet purpurin, avec trois nervures rapprochées et glabres sur la face supérieure, tandis que l'inférieure est velue, surtout sur les bords; étamines moins nombreuses que chez les espèces précédentes, à connectif prolongé en pointe hastée au-dessus de l'anthère ; achaines élargis, aplatis, à aigrette longue et courtement plumeuse.

C'est la plus vigoureuse et la plus résistante des Clématites à grandes fleurs, aussi est-elle très répandue dans les jardins. Il en existe plusieurs formes horticoles, dont les coloris varient du violet au grenat et au blanc. Par croisement avec les espèces précédentes et les Viticelles, elle a produit un très grand nombre de beaux hybrides.

Section II. — FLORIDÉES

C. florida, Thunb. Syn. *Atragene indica*, Desf. ; *A. florida*, Pers.; *Viticella florida*, Spach. — Plante grimpante, atteignant 3 à 4 mètres, à branches grêles, striées, purpurines quand elles sont jeunes. Feuilles généralement bipinnatiséquées, c'est-à-dire composées de neuf folioles ovales-arrondies, subcordiformes à la base, longuement atténuées au sommet, vert clair et parsemées sur les deux

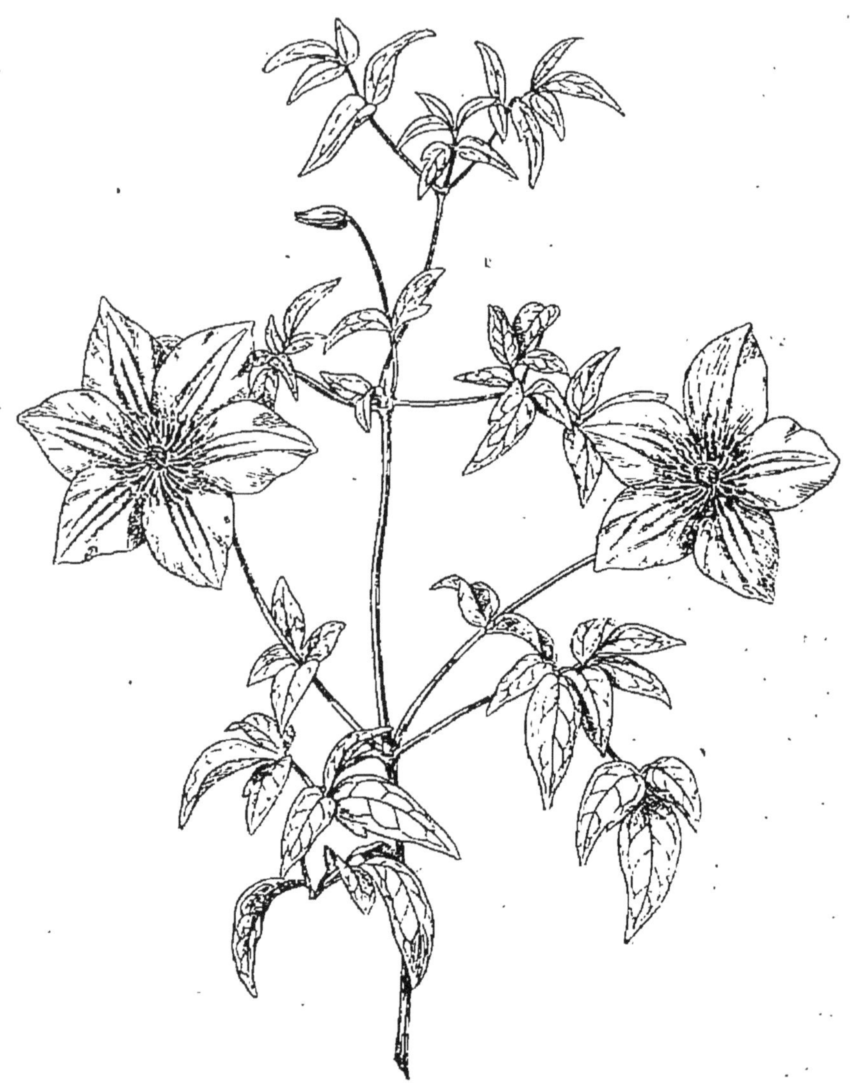

Fig. 3. — Clematis florida.

faces de poils mous et couchés ; les feuilles des rameaux florifères sont simples, parfois trilobées ; les pétioles sont très longs, plus ou moins contournés, et les derniers pétiolules sont très courts. Fleurs solitaires sur le vieux bois, à longs pédoncules munis de deux bractées foliacées et composées de cinq à six pétales étalés, obovales, se recouvrant à la base, longuement mucronés au sommet, longs de 4 à 5 centimètres, finement poilus sur la face externe. Leur couleur est blanc crémeux, mais M. Lavallée croit qu'au contraire, chez le type (qu'on ne retrouve

Fig. 4. — Clematis Viticella venosa (*Rev. Hort.*).

plus en culture), ils sont pourpre violet; les étamines sont étalées, à filets blancs et anthères brunâtres. La floraison est estivale et assez prolongée, mais non franchement remontante. Les achaines sont très nombreux, petits, elliptiques, plats, à style court, dressé, graduellement rétréci et garni de petits poils soyeux.

Cette belle plante, la première introduite des espèces à grandes fleurs, nous est venue du Japon en 1776, sous une forme déjà améliorée par la culture.

L'auteur précité rapporte à cette espèce, comme

simples variétés, les *C. venosa* et *C. insignis*, données comme hybrides. La première, qui est une fort belle plante, présente, outre la couleur des fleurs, lesquelles sont disposées par trois, quelques différences dans son feuillage. Le *C. bicolor*, Steud. (*C. bicolor Sieboldii*, Hort.), introduit du Japon en 1836, n'est qu'une variété semi-double, dont les sépales internes sont purpurins et petits, tandis que les externes sont blancs, beaucoup plus amples et forment une élégante collerette. Il en existe, du reste, quelques autres variétés également doubles par transformation des étamines en organes pétaloïdes. D'après le D[r] Le Bèle, il n'existerait qu'une seule *florida double*, le *C. florida alba plena*, qui encore n'est pour lui qu'une fleur prolifère. Les Floridées étant seulement pollinifères, les hybrides sont, pour ce même auteur, si rares qu'ils se réduisent à un seul, obtenu d'un semis de *Viticella*, répandu dans les jardins sous le nom de *Viticella venosa*, mais qui est néanmoins une véritable *Florida*. — Cette assertion renforce les raisons qui nous ont engagés à créer la section des *Patens à fleurs doubles*, que l'on trouvera au chapitre des Variétés horticoles.

Les *C. florida* ont un feuillage persistant assez tard et leur rusticité n'est pas très grande. La floraison principale a lieu en mai-juin et certaines variétés remontent à l'automne.

SECTION III. — VITICELLES

Les plantes qui composent cette section sont surtout caractérisées par leurs fleurs de dimensions moyennes, tantôt solitaires, tantôt trichotomes, à quatre sépales toujours campanulés, réfléchis au sommet. Les unes sont simplement sarmenteuses et peu élevées, tandis que les autres sont volubiles et même longuement grimpantes.

C. Viticella, Linn. Syn. *Viticella deltoidea*, Mœnch. Clématite bleue. — Plante n'atteignant que 2 à 3 mètres, à rameaux grêles, nombreux, sarmenteux et dressés ou parfois couchés. Feuilles caulinaires biternées, à cinq-sept folioles ovales ou lancéolées, obtuses ou mucronées, entières ou lobulées, finement pubescentes sur les deux faces, vertes en dessus, pâles et fortement veinées en dessous ; pétioles cirrhifères au sommet ; feuilles bractéiformes, simples ou trifoliolées. Fleurs solitaires le long des rameaux et ternées au sommet, à pédoncules grêles, pourvus de deux bractées campanulées, de 3 à 5 centimètres de diamètre, à quatre sépales disposés en croix, ovales-cunéiformes, tronqués et mucronés au sommet, qui est recourbé en dehors, tandis que les bords sont ondulés et plus ou moins réfléchis, avec trois nervures saillantes ; leur couleur est violet-bleu variable, purpurine, blanche ou plus ou moins teintée ; étamines très petites, à filets faiblement poilus et à anthères apiculées. Achaines nombreux, arrondis, surmontés d'un style dressé, graduellement rétréci en pointe, court et glabre. Fleurit de juin à septembre. Habite toute l'Europe méridionale et s'étend jusqu'en Orient.

Cette Clématite a été introduite dans les jardins dès 1569. Il en existe de nombreuses variétés dont quelques-unes à fleurs doubles. Avant l'introduction des espèces de la section précédente, elle a beaucoup servi à la production des hybrides, comme plante mère surtout, parce qu'elle mûrit facilement ses graines sous notre climat. Elle est en outre très rustique et nullement délicate.

C. campaniflora, Brot. Syns. *C. parviflora*, DC.;

Fig. 5. — Clematis Viticella (type).

C. revoluta, Desf. Clématite campanulée. — Cette espèce, dont certains auteurs ont fait une variété de la précédente, s'en distingue par sa végétation beaucoup plus luxuriante, volubile, qui lui permet d'atteindre une grande hauteur. Ses feuilles sont biternées ou disséquées, avec la foliole terminale bien plus grande que les autres. Ses fleurs sont très nombreuses, disposées en cymes trichotomes, presque paniculées et terminales, printanières surtout, pendantes même durant la floraison et d'un violet très pâle, semblables pour le reste aux précédentes, sauf les étamines qui sont extrêmement petites. Les achaines sont nombreux, disposés en capitules compacts et finement pubescents. Introduit d'Espagne en 1810.

Section IV. — ERIOSTEMONÉES

Cette section, créée par M. Lavallée, renferme quelques espèces peu répandues, sauf le type du groupe, plus connu sous le nom de *C. Hendersoni*. Elles se rapprochent des *Viticelles*, dont elles diffèrent cependant par plusieurs caractères importants, notamment par leurs fleurs terminales plus grandes, également à quatre sépales plus amples mais moins étalés, non recurvés sur les bords, par leurs étamines barbues et par leurs styles plus longs et poilus. Le *C. aromatica*, pour lequel le même auteur a formé une section, s'en éloigne par sa petite taille, ses tiges dressées, ses fleurs odorantes, bien plus petites, ses étamines moins poilues, etc.

C. eriostemon, Dcne. Syn. *C. Hendersoni*, Hort.; *C. divaricata*, Hort. — Plante sub-grimpante, à tiges longues, grêles, peu rameuses, atteignant au plus 3 à 4 mètres, garnies jusqu'à la base de feuilles pennées (parfois bi- ou triternées), généralement à sept folioles ovales, entières, mucronées; les inférieures plus amples; la terminale parfois trilobée, toutes épaisses et d'un vert foncé; les pétioles sont très longs et jamais complètement enroulés. Fleurs

Fig. 6. — Clematis eriostemon (*C. Hendersoni*).

très nombreuses, moyennes, ternées au sommet des rameaux, à quatre sépales violet foncé ou bleuâtres, amples, cunéiformes à la base, à trois nervures saillantes, avec le sommet mucroné et récurvé ; étamines dépassant les carpelles. Achaines lenticulaires, arrondis, velus ainsi que les longs styles qui sont graduellement rétrécis, droits ou divariqués et poilus. Fleurit en été, pendant plusieurs mois.

L'origine de cette plante est présumée comme devant être de l'Amérique du Nord, bien que Moore et Jackman la donnent comme un hybride obtenu dès 1835, par M. Henderson, en Angleterre, et dont les parents supposés seraient les *C. Viticella* et *C. integrifolia*. Comme pour le *C. Jackmani*, les caractères du *C. Hendersoni* nous paraissent trop distincts et trop stables pour être issus d'hybridation.

Il en existe une variété plus précoce, mais à fleurs plus pâles, portant le nom de *C. intermedia*.

C. crispa, Linn. SYN. C. *Viticella crispa*, Spach. Clématite crispée. — Plante grimpante, n'atteignant guère que 2 à 3 mètres, à rameaux grêles, garnis de feuilles généralement biternées, mais très variables, à folioles ovales ou oblongues, entières ou lobées, faiblement poilues et pourvues de longs pétioles et pétiolules grêles. Fleurs solitaires, terminales, longuement pédonculées, pendantes, d'un rose violacé, à sépales lancéolés, connivents dans leur moitié inférieure, retournés en dehors, aigus, crépus sur les bords, glabres en dedans et poilus en dehors ; étamines à filets garnis de poils jaunes et à anthères linéaires. Achaines nombreux et compacts, rhomboïdes, à styles dressés ou un peu inclinés au sommet et garnis de quelques poils. Fleurit pendant tout l'été. Introduit des États-Unis en 1726.

Cette plante, assez décorative, a été longtemps confondue avec d'autres espèces voisines ; sa synonymie n'a rien de bien précis, certains botanistes lui ayant donné divers noms du groupe des *Viorna*.

C. cylindrica, Sims. — Plante ayant le port et la taille du *C. eriostemon*, à rameaux dichotomes, rougeâtres, cannelés, portant des feuilles à cinq-sept folioles ovales ou oblongues, aiguës ou obtuses, entières ou parfois incisées, épaisses, vert foncé, glabres sur les deux faces ou parfois un peu velues en dessous; pétioles grêles, allongés et contournés au sommet. Fleurs plus grandes que celles de l'espèce précitée, solitaires, terminales, penchées, à quatre sépales campanulés, connivents en tube jusqu'au delà du milieu, deltoïdes, puis étalés, aigus mais non recurvés au sommet, de 5 à 6 centimètres de long, d'un bleu presque pur, glabres en dedans et duveteux en dehors, surtout sur les bords; pédoncules forts, dressés, pourvus au milieu de feuilles réduites ou bractées ovales et pétiolulées; étamines à filets aplatis, poilus au sommet ainsi que les anthères. Achaines inconnus en culture. Cette plante, d'une valeur spécifique très contestée, est originaire de l'Amérique du Nord et existe depuis 1802 dans les jardins, mais elle y est fort peu répandue.

M. Lavallée a figuré et décrit, sous le nom de *C. Bergeroni*, une plante d'origine obscure, à fleurs rose violacé, se rapprochant beaucoup des précédentes.

C. distorta, A. Lavallée. — Plante buissonnante, très ramifiée, haute d'environ 2 mètres, à rameaux grêles, sillonnés, poilus, portant des feuilles à cinq-sept folioles ovales, acuminées, récurvées au sommet, entières, minces, glabres sur les deux faces à l'état adulte ; pétioles assez longs. Fleurs ternées au sommet des rameaux, bleues, à quatre sépales obovales, deltoïdes et rapprochés en tube inférieurement, acuminés et récurvés au sommet, fortement contournés, à bords denticulés; étamines plus courtes que les carpelles, poilues et à connectif prolongé en pointe au-dessus de l'anthère. Achaines gros, élargis, jaunâtres, à styles courts, flexueux, rétrécis en pointe et complètement glabres. Origine inconnue, voisine des précédentes et peut-être des mêmes pays ; également fort peu répandue.

C. aromatica, Lenné et C. Koch; SYN. *C. Poizati*, Hort. ; *C. davurica*, C. Koch et *C. cærulea odorata*, Hort. — Petite plante dressée, suffrutescente, d'environ 1m 50 de haut, à tiges bifurquées, striées de noir et finement velues. Feuilles parfois entières, mais plus souvent à cinq folioles largement ovales ou oblongues, obtuses et mucronées au sommet, courtement pétiolulées, sauf la terminale qui est en outre parfois trilobée, toutes vert foncé, plus pâles en dessous et seulement poilues sur les bords. Fleurs disposées en cymes dichotomes, terminales, à pédoncules uniflores, de 4 à 5 centimètres de long, exhalant un parfum d'Héliotrope très suave, petites, ayant à peine 2 cent. 1/2 de diamètre, à quatre sépales violet-bleuâtre foncé, oblongs, acuminés, trinervés, pubescents sur les bords et très étalés pendant la floraison ; étamines très nombreuses, à filets aplatis, blanc jaunâtre et poilus. Achaines arrondis et aplatis, à style allongé, dressé et poilu. Floraison estivale. Cultivé dans les jardins depuis fort longtemps, principalement sous le nom de *C. cærulea odorata*.

Le *C. Poizati*, Hort., aujourd'hui considéré comme identique à cette espèce, a été obtenu avant 1840, par M. Poizat, de Lyon. Le Dr Le Bèle le considère comme un hybride issu du croisement d'une espèce de la section des *Paniculées* avec une espèce du groupe des *Viticelles*. Cette origine est probablement aussi celle du *C. aromatica*, dont la provenance est inconnue.

C. integrifolia, Linn. Syn. *Valvaria integrifolia*, Seringe. — Plante vivace, à tiges herbacées, annuelles,

Fig. 7. — Clematis integrifolia.

simples, dressées, atteignant 1 mètre au plus et souvent 50 centimètres seulement, portant des feuilles toutes simples, mais assez grandes, de 5 à 7 centimètres de long, sessiles, ovales, aiguës, à trois nervures saillantes, glabres sur la face supérieure, mais ciliées sur les bords. Fleurs solitaires au sommet de pédoncules ou de ramules axillaires, penchées, de 3 à 4 centimètres de diamètre, à quatre sépales ovales, lancéolés, connivents à la base, puis étalés, d'un bleu foncé à l'intérieur, à bords ondulés, retournés en dessous et couverts d'une forte pubescence grisâtre ; étamines nombreuses, à filets poilus. Achaines surmontés de longs styles contournés et fortement plumeux. Fleurit en juillet-août. Habite l'Europe centrale, notamment l'Allemagne et l'Autriche, d'où elle a été introduite dans les jardins dès 1596. On dit aussi qu'elle croît spontanément dans les Pyrénées, dans l'Asie boréale et jusqu'en Sibérie. C'est une des premières cultivées et elle est assez commune dans les jardins, parmi les plantes vivaces.

Cette intéressante espèce a produit plusieurs variétés, notamment une nommée *diversifolia*, à feuilles parfois découpées. Sous le nom de *C. integrifolia Durandii*, on en cultive un bel hybride plus élevé, à fleurs plus grandes et à floraison remontante et plus prolongée.

De cette espèce se rapprochent, par leurs tiges herbacées, les *C. Fremontii* et *C. Douglasii*, à fleurs violet purpurin et le *C. ochroleuca*, à fleurs jaunâtres, tous trois nord-américains, le premier cantonné sur le côté ouest, tandis que le second habite le versant oriental; le *C. ovata*, Pursh, de même origine et le *C. gentianoides*, DC. de la Nouvelle-Hollande et de serre froide. Enfin le *C. Stanleyi*, Hook, introduit de Natal il y a quelques années, se distingue surtout du *C. integrifolia* par la villosité soyeuse qui recouvre toutes ses parties.

Section V. — VIORNÉES

Nommée *Urnigerées* par certains auteurs, cette section est une des mieux caractérisées par ses fleurs petites, penchées ou dressées, en cloche, à quatre sépales connivents presque jusqu'au sommet et souvent remarquables par leur épaisseur; les étamines sont très poilues et appendiculées au sommet. Les feuilles sont toujours pennées et les tiges sarmenteuses et volubiles. Les espèces sont assez nombreuses et, sauf le *C. fusca*, qui habite la Sibérie orientale, toutes sont originaires de l'Amérique du Nord.

C. Viorna, Linn. Syn. *Viorna urnigera*, Spach. — Plante à tiges ligneuses, grêles, volubiles, atteignant de 2 à 3 mètres, à ramifications trichotomes, portant des feuilles à cinq-sept folioles ovales, oblongues, lancéolées et parfois acuminées, entières ou lobées, glabres, vert foncé et presque membraneuses; pétioles très longs, grêles, contournés et parfois cirrhifères au sommet. Fleurs solitaires, axillaires, à pédoncules dressés, portant deux petites bractées opposées, à quatre sépales épais et coriaces, connivents, resserrés, puis acuminés et étalés au sommet, d'un beau pourpre violacé et velus en dehors, jaunes et un peu moins velus en dedans; étamines jaunâtres, à filets cylindriques et très pubescents. Achaines orbiculaires, fortement aplatis, finement velus, surmontés d'un style filiforme et plumeux. Fleurit en été. Introduit de l'Amérique du Nord en 1730.

C. reticulata, Walt. — Plante moins élevée que la précédente, à tiges très nombreuses, mais excessivement grêles, garnies de feuilles semblables, mais ovales, obtuses, fortement réticulées et à pétioles contournés, réfléchis et souvent transformés en vrille au sommet. Fleurs également solitaires et axillaires, mais plus petites, penchées, à quatre sépales connivents et renflés à la base, puis resserrés à la gorge et recurvés au sommet, moins épais, rose vineux à l'intérieur, jaune pâle à l'extérieur; étamines à peu près semblables. Achaines très petits, surmontés d'un long style presque droit et plumeux. Introduit de la Caroline vers 1812.

C. Pitcheri, Torr. et Gray. — Espèce herbacée, à tiges fortes, anguleuses, sillonnées, non volubiles, atteignant jusqu'à 4 mètres de hauteur, portant des feuilles à six-huit folioles rarement entières, mais généralement trilobées ou même trifides, à segments ovales, apiculés et d'un vert bleuâtre; pétioles atteignant jusqu'à 20 centimètres de long, terminés en vrille au sommet. Fleurs solitaires et terminales, les plus grandes du groupe, longues de 3 à 4 centimètres, à bouton dressé et apiculé, puis penchées à la floraison, à quatre sépales urcéolés à la base, puis étranglés et à partie libre enroulée en arrière, membraneux, à peine coriaces, vert jaunâtre et glabres en dedans, mais violet-bleu et pubescents-blanchâtres en dehors, surtout sur les bords; étamines à filets aplatis, poilus supérieurement et à connectif prolongé au sommet en un long mucron. Achaines arrondis, pubescents, à style allongé, graduellement aminci et faiblement poilu inférieurement. Fleurit de mai en juillet. Très largement dispersé dans l'Amérique du Nord et introduit depuis longtemps dans les cultures.

M. Lavallée en a décrit et figuré une variété *coloradensis*, peu différente, et a élevé au rang d'es-

Fig. 8. — Clematis Pitcheri.

pèce, sous le nom de *C. Sargenti*, une autre forme plus distincte, caractérisée par ses fleurs plus petites, à sépales charnus et dont la forme se rapproche de celles du *C. Viorna*.

C. texensis, Buckley. SYN. *C. coccinea*, Engelm.; *C. Viorna coccinea*, James. — Plante entièrement herbacée, quoique fortement volubile et atteignant environ 2 mètres, dont les tiges, presque simples, portent des feuilles à six-dix folioles ovales et mucronées au sommet, glabres sauf sur les bords,

Fig. 9. — CLEMATIS TEXENSIS.

entières et très glauques en dessous. Fleurs à longs pédoncules axillaires, solitaires, penchées ou dressées, à quatre sépales épais, charnus, connivents en forme de grelot ovoïde, légèrement étranglé au sommet et à pointes très courtes, à peine renversées ; leur couleur est blanc-jaunâtre à l'intérieur, visible seulement au sommet et rouge producing coccinė à l'extérieur ; étamines jaune clair, à filets cylindriques et velus supérieurement. Achaines sub-orbiculaires, poilus, surmontés d'un style allongé, courbé et également velu. Fleurit en été. Introduit depuis longtemps dans les cultures et cultivé au début sous le nom de *C. Pitcheri*.

On en connaît deux formes botaniques : *luteola*, Ed. André, à fleurs jaunes à l'extérieur, et *parviflora*, Lavallée, à fleurs plus petites et rougeâtres.

C. fusca, Turcz. Syn. *C. kamtschatica*, Bunge. — Quoique peu connue et sans doute fort peu cultivée, cette espèce mérite d'être citée ici pour ses caractères très particuliers et son origine. C'est une plante suffrutescente, haute d'à peine 2 mètres, à feuilles composées de six folioles ovales, acuminées, souvent et plus ou moins profondément lobées et glabres. Fleurs solitaires, penchées et à pédoncules naissant fréquemment plusieurs sur un même nœud, vers le sommet des rameaux, à quatre et parfois cinq-six sépales ayant à peine deux centimètres de long, connivents en cloche, avec la partie libre courte et réfléchie ; la face interne est rougeâtre et glabre, tandis que l'externe est plus sombre et fortement couverte de poils ainsi que les pédoncules ; étamines à filets allongés et longuement velus. Achaines très petits, à styles accrescents, courbés et garnis de longs poils roux. Habite la Mandschourie et la Sibérie orientale.

Le *C. æthusifolia*, Turcz, de la Mongolie, et sa variété *latisecta*, de la Chine, à fleurs blanc jaunâtre, pendantes, en forme de grelot allongé, avec les segments recurvés au sommet et des feuilles bi- ou tripinnées, rentrent aussi dans cette section ; mais comme ils sont peu décoratifs, on ne les rencontre qu'exceptionnellement dans les cultures.

Du croisement du *C. texensis* avec ses congénères

de la même section, notamment le *C. Pitcheri*, pratiqué par plusieurs horticulteurs, et surtout avec les espèces grandiflores, telles que le *C. Jackmani*, sont sorties des variétés intéressantes par la diversité de leur coloris; celles issues du *C. Jackmani* sont remarquables par leur ampleur et la nouveauté de leur forme; elles ouvrent une voie nouvelle, pleine de promesses fructueuses pour les semeurs habiles. Nous en reparlerons spécialement et indiquerons les hybrides déjà obtenus au chapitre des Variétés horticoles (p. 72).

Section VI. — **PANICULÉES**

Les espèces de cette section sont nettement caractérisées par leurs fleurs de petites dimensions, mais très nombreuses et réunies en panicules plus ou moins multiflores, terminales ou axillaires dans la partie supérieure des rameaux et blanches ou jaunâtres. Les unes sont longuement grimpantes, tandis que les autres sont relativement courtes et dressées. C'est à cette section qu'appartiennent les premières Clématites cultivées dans les jardins, plusieurs croissant spontanément en Europe, notamment en France, où elles sont très rustiques et vigoureuses. Quoique bien moins cultivées, aujourd'hui qu'on possède les variétés à grandes fleurs et remontantes énumérées plus loin, on les emploie encore fréquemment pour garnir les ruines, les chaumières, les grandes surfaces murales d'une verdure abondante. Leur floraison est d'un grand effet décoratif, quoique de courte durée et les nombreuses houppes laineuses et persistantes qui succèdent aux fleurs leur donnent à l'automne et surtout après la chute des feuilles un aspect singulier et original.

C. Vitalba, Linn. Clématite brûlante, C. des haies, Herbe aux gueux, Berceau de la Vierge, Joie du

Fig. 10. — Clematis Vitalba.

voyageur, Viorne commune, etc. — Cette espèce indigène est la plus commune dans les haies et les bois, où ses tiges longuement grimpantes atteignent le sommet des plus grands arbres et deviennent ligneuses et parfois fort grosses à la base. Ses feuilles sont composées de folioles assez grandes, ovales, acuminées, dentées, vert gai, à longs pétioles et pétiolules contournés et accrochants. Les fleurs sont blanches, à odeur d'amande, ayant à peine 2 centimètres de large, à quatre pétales étroits, fortement velus à l'extérieur et disposées en panicules axillaires, feuillues, à ramifications trichotomes. Les achaines forment par leurs longs styles plumeux de grandes houppes soyeuses. Fleurit en juillet. Habite l'Europe, notamment presque toute la France, l'Orient et jusqu'en Asie. Il en existe de nombreuses formes botaniques.

Les longues tiges du *C. Vitalba* sont parfois employées par les habitants des campagnes pour lier les fagots; on les utilise aussi, coupées en minces lanières, pour faire les paniers en paille employés par les boulangers. Cette plante possède des propriétés âcres, caustiques, qui ont fait autrefois employer ses feuilles par les mendiants pour se créer et entretenir des ulcères factices, destinés à leur attirer la pitié et la charité des passants, d'où son nom d'« Herbe aux gueux ». On se servait aussi, pour guérir la gale, d'huile dans laquelle on avait fait macérer des feuilles écrasées de cette plante, et qui, ainsi préparée, produisait, d'après Dujardin-Beaumetz, une inflammation très forte, mais aussi fort dangereuse.

C. virginiana, Linn. Clématite de Virginie. — Cette plante a le port et le mode de végétation de l'espèce précédente, mais elle est dioïque et on ne possède sans doute que l'individu mâle dans les jardins. Ses fleurs sont blanches, odorantes, très nombreuses et paniculées, à sépales courtement poilus ainsi que les pédicelles. L'absence de houppes plumeuses diminue la valeur décorative de cette espèce, qui est aujourd'hui rare dans les jardins. Certains pieds sont parfois entièrement monoïques. Sa floraison a lieu en août et son introduction de l'Amérique du Nord remonte à 1767.

C. paniculata, Linn. Clématite paniculée. — Plante très vigoureuse, pouvant atteindre 10 mètres et plus, à feuilles composées de trois-cinq folioles de 5 à 10 centimètres de long, vert foncé et glabres. Les fleurs sont blanc terne, à quatre sépales, de 3 à 4 centimètres de diamètre et disposées en grandes panicules terminales; elles répandent un agréable parfum d'Aubépine et s'épanouissent en août-septembre. Introduit du Japon par Thunberg en 1796.

L'aspect général de cette espèce est, pour nous, celui du *C. Flammula* et pour les Américains celui de leur *C. virginiana*, dont elle constitue le pendant asiatique. Quoique d'une grande vigueur et très rustique, elle est restée fort rare en Europe, tandis qu'elle s'est beaucoup répandue en Amérique, où il paraît qu'elle forme des guirlandes fleuries de toute beauté. En Angleterre, au contraire, sa floraison n'a rien de bien remarquable. Ceci prouverait qu'il lui faut beaucoup de chaleur estivale et qu'elle préfère, sinon le climat du Midi, du moins une exposition chaude et bien ensoleillée.

C. Flammula, Linn. Clématite odorante, Flammule. — Plante longuement sarmenteuse, comme les précédentes, à rameaux garnis de feuilles bi-ternées, composées de folioles très petites, triangulaires, ovales, entières et un peu épaisses. Fleurs blanc jaunâtre, plus petites encore que celles du *C. Vitalba*, très odorantes, le soir surtout, à quatre sépales pubescents seulement sur les bords et disposées en panicules terminales. Achaines au nombre de cinq à huit, aplatis, marginés, à styles très longs et fortement plumeux. Fleurit de juillet en septembre. Habite toute l'Europe méridionale, notamment le midi de la France.

Fig. 11. — Clematis Flammula. — (*Rev. Hort.*)

On en connaît plusieurs variétés différant par la forme de leurs folioles, par la couleur rougeâtre des fleurs (*rubella*) ou leurs dimensions un peu plus grandes.

Le *C. maritima*, Linn., en est aussi une forme botanique bien caractérisée, qu'on rencontre sur le littoral de la Méditerranée, dont les tiges sont couchées et traînantes, les feuilles très longues, étroites et les fleurs moins nombreuses. Une variété à fleurs *semi-doubles* a été obtenue par M. Billiard, horticulteur à Fontenay-aux-Roses.

C. angustifolia, Jacq. Clématite à feuilles étroites. — Plante grimpante, à tiges ligneuses, avec des feuilles à quatre-cinq folioles lancéolées, aiguës, étroites, glabres, longuement pétiolulées. Fleurs petites, blanc jaunâtre, peu nombreuses, odorantes, longuement pédicellées et disposées en panicules très lâches au sommet des rameaux ; sépales, quatre, à bords récurvés, velus et tronqués au sommet. Fleurit en juin-juillet. Introduit de l'Autriche en 1787. Voisine du *C. Flammula*.

C. recta, Linn. Syn. *C. erecta*, Linn. Clématite dressée. — Plante à tiges dressées, hautes de 1 mètre et plus, glauques ainsi que les feuilles ; celles-ci à cinq folioles ovales-lancéolées, mucronées et glabres. Fleurs blanches, odorantes, petites, à quatre sépales étroits, excessivement nombreuses et disposées en très grandes panicules terminales, ramifiées, trichotomes. Achaines noirâtres, ovales, glabres, surmontés d'une aigrette courte, mais assez longuement poilue. Fleurit en juin-juillet. Croît dans toute l'Europe méridionale, notamment dans le midi de la France, dans les lieux incultes et secs. Il en existe une variété à *fleurs doubles* et une à *fleurs violettes*, toutes deux obtenues par M. Lemoine, la dernière du croisement du type avec le *C. integrifolia*.

A cette section, appartiennent encore plusieurs autres espèces de l'Ancien et du Nouveau Monde, dont la plupart ont été introduites dans les jardins; mais, soit qu'elles manquent de mérite ou d'intérêt horticole, soit qu'elles ne soient pas assez rustiques sous notre climat, elles ne se sont pas répandues et restent confinées dans quelques rares jardins d'ama-

Fig. 12. — Clematis recta.

teurs; plusieurs même en sont sans doute déjà disparues. Nous ne nous attarderons donc pas à les décrire, il suffira de les citer par régions d'origine.

C. lasiantha, Fisch.; *C. Pallasii*, Gmel.; *C mandschurica*, Rupr. (l'*Index kewensis* rapporte les deux premières au *C. Flammula* et la dernière au *C. recta*); *C. holosericea*, Pursh. et *C. Drummondii*, Torr. et Gray; *C. caripensis*, H. B. K. et *C. ligusticifolia*, de l'Amérique du Nord. — *C. songarica*, Bunge, de la Sibérie. — *C. smilacifolia*, Wall., des Indes orientales. — *C. Buchaniana*, DC.; *C. connata*, Wall.; *C. grata*, Wall.; *C. greviæflora*, DC., de l'Himalaya. — *C. apiifolia*, du

Japon. — *C. japonica Lowii*, Hort. Le Bèle ; *C. aristata*, R. Br. ; *C. microphylla*, DC. ; *C. elliptica*, Endl., de l'Australie. — *C. novæ-zelandica*, Hort. et *C. indivisa*, Willd., de la Nouvelle-Zélande, et sa variété *lobata*, tous deux à fleurs petites, blanches, paniculées et dont on dit le plus grand bien comme plantes ornementales. Ces dernières Clématites sont fort élégantes et prospéreraient en plein air sur le littoral méditerranéen, tandis que dans le Nord il leur faut la serre froide.

Section VII. — **ANÉMONIFLORES**

Nous comprenons dans cette section deux Clématites que M. Lavallée a séparées, à cause de leurs caractères botaniques, mais qui n'en ont pas moins une certaine ressemblance de port, feuillage, grandeur de fleurs, etc. Toutes deux ont des fleurs petites, mais très nombreuses, rappelant par leur aspect les fleurs de l'*Anemone nemorosa* ou Sylvie de nos bois, d'où le nom de la section, et se montrent sur les rameaux de l'année précédente. Dans le *C. montana*, les fleurs sont solitaires sur leurs pédoncules et fasciculées sur les nœuds ; dans le *C. orientalis*, au contraire, elles sont ternées sur des ramilles axillaires et naissent également sur les mêmes nœuds.

C. montana, Buchan. Syn. *C. anemoniflora*, Don. — Plante vigoureuse et rustique, atteignant une grande hauteur, dont les tiges sarmenteuses, glabres, striées et ramifiées, portent des feuilles sortant plusieurs des mêmes bourgeons et composées de trois folioles ovales, aiguës, profondément dentées, minces, vert foncé en dessus, plus pâles en dessous, à pétioles de 7 à 8 centimètres de long, s'entortillant avec l'âge. Fleurs naissant sur le vieux bois, des mêmes nœuds que les feuilles et au nombre de trois, à sept-huit, solitaires au sommet de pédoncules égalant ou dépassant les feuilles, blanc pur, de 4 centi-

Fig. 13. — Clematis montana (d'après Lavallée).

mètres de diamètre, à quatre sépales très étalés, oblongs, arrondis au sommet, glabres en dessus et pubescents en dessous, surtout sur les bords. Achaines petits, disposés en capitule compact, à styles courts, flexueux et plumeux. Fleurit en mai-juin. Habite l'Himalaya et le Népaul. Introduit en 1831. — Il en existe une variété *grandiflora*, dont les fleurs atteignent 6 à 7 centimètres de diamètre, ce qui la rend préférable au type au point de vue décoratif.

Le *C. barbellata*, Edgw. (Syn. *C. nepalensis*, Royle), originaire de l'Himalaya, est très voisin du *C. montana*, dont il se distingue surtout par ses fleurs brunes, campanulées, pendantes ; il a été introduit en 1854, mais est resté fort rare dans les cultures, si même il y existe encore.

C. orientalis, Linn. Syn. *C. graveolens*, Hook. ; *C. flava*, DC. ; *Meclatis orientalis*, Spach. — Plante robuste, vigoureuse et excessivement rustique, dont les tiges rameuses atteignent une très grande hauteur; les feuilles sont solitaires sur les nœuds, à pétioles longs de 20 centimètres, étalés ou même réfléchis, à cinq paires de pinnules portant chacune trois folioles ovales-lancéolées, profondément dentées, minces, glabres, glauques, à pétiolules étalés ou contournés en vrilles. Les fleurs ont à peu près les dimensions et l'aspect de celles de l'espèce précédente, mais elles sont jaune vif, un peu odorantes, velues et non plus solitaires sur les nœuds, mais les unes réunies par trois sur de courtes ramilles et les autres solitaires sur les mêmes nœuds, à pédoncules de 8 à 12 centimètres de long ; sépales, quatre, rarement cinq ou six, ovales-aigus, à pointes verdâtres, étalés, avec les bords récurvés, finement pubescents en dedans et plus fortement en dehors et surtout sur les bords ; étamines à filets aplatis, violacés et ciliés. Achaines très nombreux, petits, ovales, à styles très longs, grêles, fortement plumeux et formant de grosses houppes laineuses et grisâtres. Fleurit en août-septembre. Habite tout l'Orient, depuis la Turquie jusqu'aux Indes. Introduit en 1771.

Fig. 14. — Clematis orientalis.

Le *C. glauca*, Willd., originaire de la Sibérie et introduit depuis fort longtemps déjà, est si voisin du *C. orientalis* que beaucoup d'auteurs le considèrent aujourd'hui comme une simple variété géographique ; ses feuilles sont à folioles très glauques, entières. Ses fleurs plus petites, à sépales plus étroits, d'un jaune verdâtre et moins velus ; il fleurit aussi un peu plus tôt.

Section VIII. — CHEIROPSIS

Cette section renferme quelques espèces méridionales, grimpantes, à feuilles persistantes, composées de folioles très profondément lobées et dont les fleurs, plutôt petites, solitaires, fasciculées, pendantes, campanulées et à quatre sépales, sont accompagnées, sous ces derniers, de deux bractéoles soudées, simulant un calice campanulé. Ce caractère, très spécial, est celui sur lequel est fondée la section. Ces plantes sont peu répandues dans les cultures, leur rusticité n'étant pas très grande ; leur floraison s'effectue de très bonne heure (décembre-mars).

C. cirrhosa, Linn. Syn. *Cheiropsis cirrhosa*, Bercht. et Presl. Clématite à vrilles, C. toujours verte. — Plante sarmenteuse, atteignant 3 à 4 mètres, à rameaux brun-roux, portant des feuilles persistantes, fasciculées, à trois folioles ovales, dentées, glabres et d'un beau vert luisant, à pétioles perdant leurs folioles avec l'âge et devenant alors cirrhifères. Fleurs fasciculées sur les nœuds, solitaires et pendantes au sommet des pédoncules, à quatre sépales crèmes ou verdâtres, campanulés, velus extérieurement et glabres en dedans ; involucre membraneux. Fleurit en décembre-janvier. Habite l'Espagne, l'Italie, la Corse. Introduit en 1596.

Le *C. semitriloba*, Lagasc., que certains auteurs

réduisent à l'état de variété du précédent, s'en distingue par ses feuilles cordiformes, souvent trilobées (d'où son nom) et par ses fleurs blanc jaunâtre, fortement laineuses extérieurement. Habite le sud de

Fig. 15. — Clematis cirrhosa. — (*Rev. Hort.*)

l'Espagne ; le Dr Le Bèle l'a aussi récolté au mont Thabor.

C. balearica, Rich. Syns. *C. calycina*, Soland.; *Cheiropsis balearica*, Bercht. et Presl. Clématite des Baléares; C. de Mahon. — Cette espèce, dont l'*Index kewensis* fait une variété du *C. cirrhosa*, est sarmenteuse, à feuilles également persistantes, à trois folioles pétiolulées, profondément dentées. Fleurs solitaires, campanulées, pendantes, plus grandes que dans l'espèce précitée, d'environ 5 centimètres de diamètre, à quatre sépales jaune tacheté de rouge et pubescents extérieurement ; étamines à filets aplatis, poilus et atteignant le milieu des sépales; pédoncules plus longs que les feuilles; involucre campanulé, appliqué sous la fleur. Fleurit en février-mars. Habite les îles Baléares et Minorque. Introduit en 1783.

Section IX. — ATRAGÈNES

Les quelques espèces de cette section forment un groupe si distinct que les premiers botanistes l'avaient séparé des *Clematis* et qu'il fut longtemps maintenu comme tel. Ce n'est qu'en ces derniers temps qu'on l'a réduit à l'état de section, parce qu'en effet les petites lames pétaloïdes qui existent dans la fleur résultent de la simple transformation des étamines. C'est principalement sur ce caractère qu'est fondé le groupe. Ce sont des plantes grimpantes, dressées, peu élevées, à feuilles pinnatiséquées et à fleurs solitaires au sommet des rameaux, à quatre grands sépales et une dizaine de pétales spatulés, ovales, plus courts et plus petits que les sépales; les styles sont longuement plumeux. Les Atragènes habitent les montagnes de l'Europe et une l'Amérique.

C. alpina, Mill. Syn. *Atragene alpina*, Linn. Atragène des Alpes. — Plante de 1 à 2 mètres de haut, à tiges grêles, ne portant que des ramilles florifères et des feuilles bipinnées, à folioles ovales-lancéolées, dentées. Fleurs solitaires sur les rameaux, à pédoncules plus courts que les feuilles, penchées, de 4 à 6 centimètres de diamètre, à quatre sépales lancéolés-aigus, blancs ou bleuâtres; pétales au nombre de dix à douze, étroitement spatulés, obtus, bien plus courts que les sépales; étamines peu nombreuses, à filets aplatis et velus. Fleurit en avril-mai. Achaines à styles velus. Habite les montagnes de l'Europe et en particulier les Alpes. Introduit dans les cultures en 1792. — On a cité des formes botaniques : *alba*, à fleurs blanches, *flava*, à fleurs jaunes, et quelques variétés horticoles.

Fig. 16. — ATRAGENE ALPINA.
a, rameau florifère; *b*, fleur de grandeur naturelle; *c*, étamine pétaloïde; *d*, étamine normale; *e*, capitule fructifère.

L'*Atragene austriaca*, Scop., originaire d'Autriche, diffère de l'*A. alpina* par sa taille plus naine, par sa végétation plus touffue et par ses fleurs à sépales plus grands, ovales-aigus et d'un beau bleu violet.

L'*Atragene sibirica*, Linn., de la Sibérie, a le port et les caractères du précédent, mais ses fleurs sont blanches. Ces deux plantes, considérées aujourd'hui comme de simples formes géographiques, existent cependant dans les cultures.

C. verticillaris, DC. SYN. *Atragene americana*, Sims. Atragène d'Amérique. — Plante grimpante, à tiges ligneuses, atteignant 2 à 3 mètres de haut, portant des feuilles géminées sur chaque bourgeon, ce qui les fait paraître verticillées par quatre, triternatiséquées, à folioles courtement pétiolulées et entières. Fleurs solitaires sur les pédoncules, de 5 à 8 centimètres de diamètre, à pétales pointus et d'un beau bleu foncé. Achaines à styles plumeux. Habite l'Amérique du Nord, d'où il a été introduit en Europe dès 1797, mais il est très rare aujourd'hui dans les cultures.

SECTION X. — TUBULEUSES

Les quelques espèces composant cette section sont absolument distinctes de toutes les autres, si distinctes même qu'elles n'ont nullement l'aspect d'une Clématite, au sens familier du nom. Ce sont des plantes herbacées, à souche vivace, traçante et à tiges parfois suffrutescentes à la base, fortes, dressées, hautes de 1 mètre au plus, portant des feuilles opposées, à trois grandes folioles. Les fleurs sont petites, pendantes, monoïques ou dioïques, à quatre sépales connivents en tube, puis libres et réfléchis au sommet et rappelant par leur aspect une fleur de Jacinthe. Ces fleurs sont disposées en verticilles très multiflores, compacts et espacés ou réunies en petites cymes lâches, axillaires, formant un épi terminal et interrompu; étamines peu nombreuses, à filets cylindriques ou aplatis. Toutes sont des plantes asiatiques, polymorphes et rustiques.

Nous ne décrirons ici que les trois espèces les plus généralement admises comme telles et aussi les plus répandues dans les jardins. Nous en laisserons de côté deux ou trois autres, dont la valeur spécifique est excessivement controversée et qui n'intéressent que les collectionneurs et la botanique.

Du reste, d'après l'opinion de Forbes et Hemsley, toutes les plantes de cette section ne sont que des formes d'une seule et même espèce, dont le *C. tubulosa* serait le type. Cette façon d'envisager le groupe des tubuleuses donne, à notre avis, une beaucoup trop grande envergure à l'espèce, ce qui nuit à l'autonomie des végétaux ; la difficulté dans ce groupe résulte du nombre des formes intermédiaires qui rendent la délimitation des bonnes espèces très difficile, sinon impossible.

C. tubulosa, Turcz. Syn. *C. heracleæfolia*, DC. Clématite tubuleuse. — Plante à tiges herbacées, dressées, rougeâtres, de 1 mètre de haut, portant de grandes feuilles longuement pétiolées, à trois folioles rapprochées, petiolulées, amples, la terminale surtout, arrondies, irrégulièrement dentées, pâles et fortement nervées en dessous. Fleurs bleu foncé, disposées en petites cymes trichotomes, fasciculées, les unes sessiles, les autres pédonculées, verticillées et formant des épis terminaux, aphylles au sommet; sépales, quatre, longuement onguiculés et d'abord connivents en tube à la base, puis un peu écartés et récurvés au sommet au moment de la floraison, finement velus en dehors et surtout sur les bords, où la pubescence forme des lignes blanchâtres dans le bouton ; pédicelles également velus-laineux ; étamines à filets fortement aplatis et glabres. Carpelles à styles courts et garnis de longues soies brillantes. Fleurit en août-septembre. Introduit de la Chine en 1845.

Le *C. Hookeri*, Dcne, n'en est qu'une variété

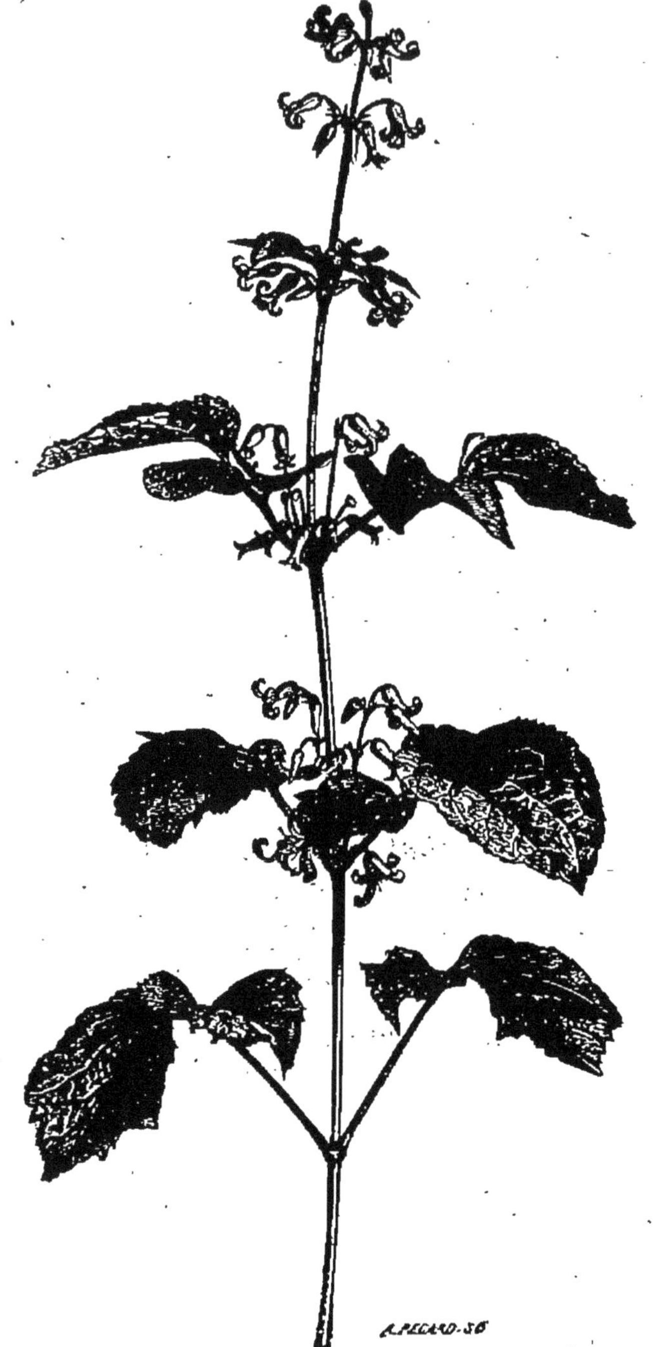

Fig. 17. — Clematis tubulosa. — (*Rev. Hort.*)

différant par ses fleurs un peu plus pâles et par de légers caractères de végétation.

Sous le nom de *C. tubulosa floribunda*, il a été mis au commerce, en 1897, une variété hybride des *C. tubulosa* × *C. Davidiana*, obtenue par M. Desfossé, à Orléans, et qui se distingue du type ordinaire par ses épis beaucoup plus nombreux, plus grands, à fleurs plus larges. La plante est aussi plus vigoureuse et forme des touffes de toute beauté.

C. Davidiana, Dcne. Clématite de l'abbé David. — Plante à tiges fortes, dressées, vertes, pubescentes-veloutées, à feuilles longuement pétiolées, portant

Fig. 18. — Clematis Davidiana.

trois grandes folioles pétiolulées, très inégalement crénelées-dentées, glabres, un peu pâles et fortement nervées en dessous. Fleurs bleu-porcelaine, dioïques, très courtement pédicellées, réunies en verticilles multiflores et compacts; les inférieurs accompagnés d'une grande feuille; les supérieurs nus ou à peu près; sépales quatre, longuement onguiculés et connivents en tube, puis un peu spatulés, libres, étalés et récurvés au sommet, fortement velus, grisâtres extérieurement ainsi que les pédicelles; étamines dix environ, à filets linéaires, glabres; carpelles nuls chez toutes les plantes cultivées, ce qui porte à croire que l'individu mâle existe seul dans les jardins. Introduit de la Chine, en 1864, de graines envoyées au Muséum par M. l'abbé David.

C. Stans, Sieb. et Zucc. — Plante suffrutescente, très polymorphe, selon le sexe des fleurs, à tiges dressées, mollement pubescentes, de 1 mètre de haut, portant des feuilles à trois folioles obliquement arrondies-ovales, profondément dentées ou presque lobées et ridées. Fleurs polygames, c'est-à-dire les unes mâles, les autres femelles ou hermaphrodites, bleu opale, courtement pédicellées, pendantes, fasciculées et verticillées; sépales linéaires, connivents en tube, puis libres, étalés et recurvés au sommet. Fleurit en août-septembre. Plante rustique, introduite du Japon vers 1860.

Les *C. Savatieri*, Dcne, et *C. Lavallei*, Dcne, sont des espèces ligneuses de cette section.

CHAPITRE IV

VARIÉTÉS HORTICOLES

Au point de vue cultural et décoratif, les variétés horticoles sont bien plus intéressantes que la plupart des types botaniques que nous venons de décrire. Leurs fleurs plus grandes, plus richement colorées, ont encore, pour beaucoup d'entre elles, le grand mérite d'être à floraison remontante. Ces variétés, aujourd'hui très nombreuses et dont nous avons déjà parlé au chapitre *Historique*, sont le résultat d'une culture attentive et soutenue, pratiquée depuis nombre d'années, dans plusieurs établissements horticoles, principalement en France et en Angleterre. Les résultats obtenus sont dus surtout aux hybridations raisonnées et pratiquées en différents sens entre les plus belles espèces ou par le métissage de ces variétés entre elles ou avec les types.

Le champ ouvert aux croisements, sélections et améliorations de toutes sortes est, en effet, très vaste, peu de genres présentant de plus grandes différences de port, de forme et de coloris. Naturellement, c'est sur les espèces à grandes et belles fleurs, composant le groupe des *patens*, que les spécialistes ont porté leurs efforts, aujourd'hui couronnés d'un plein succès.

C'est aussi à ce groupe qu'appartiennent les plus

Fig. 19. — CLÉMATITES HYBRIDES A GRANDES FLEURS.

jolies Clématites, à différents points de vue; les *patens* et les *lanuginosa* pour la largeur de leurs fleurs et les *Jackmani* (1) pour leur rusticité, jointe à leur abondante floraison. Toutefois, les autres groupes comptent également de très belles variétés horticoles obtenues, soit entre les espèces d'une même section, soit avec celles de de sections différentes ; toutes les espèces se croisant entre elles.

La grandeur des fleurs et la disposition de leurs organes rendent la fécondation artificielle et les hybridations excessivement faciles chez les Clématites, si faciles même que des croisements se produisent fréquemment par la seule intervention des vents, des insectes et autres agents inconscients. Il en résulte que la parenté des variétés est mal connue ou souvent incertaine et qu'il est très difficile, sinon impossible aujourd'hui de classer botaniquement les Clématites à grandes fleurs. C'est pourquoi nous avons adopté, dans cet ouvrage, un classement basé d'après l'analogie des plantes entre elles, leur végétation, leur feuillage, la forme et le port des fleurs, leur époque de floraison. Ce classement est donc plutôt horticole que botanique, notre traité s'adressant plus particulièrement aux amateurs qu'aux botanistes.

Toutefois, nous ferons remarquer que cette opinion varie parfois, la même plante se trouvant classée différemment par autant de spécialistes. Cela se comprend facilement, étant donné que beaucoup des plus belles variétés sont le résultat de croisements et métissages successifs entre des espèces de différentes sections et que les Clématites, comme nous l'avons dit précédemment, se croisent avec une extrême facilité.

(1) Dans cette partie traitant des Clématites au point de vue horticole, nous conserverons au *C. hakonensis* le nom de *Jackmani* sous lequel il est répandu.

Notre intention n'étant nullement de dresser ici une liste complète de toutes les variétés cultivées, nous nous sommes bornés à mentionner les variétés qui nous ont paru les plus belles et les plus méritantes. Cette énumération résulte de longues observations et constitue, pouvons-nous dire, une sélection des plus jolies Clématites à grandes fleurs anciennes ou récentes, tant au point de vue de la vigueur et de la rusticité des plantes que de la grandeur et de la beauté de leurs fleurs.

Ier GROUPE. — **PATENS**

A ce groupe appartiennent des types botaniques d'une haute valeur : les *Clematis patens*, *lanuginosa*, *Jackmani* et *patens à fleurs doubles*.

Nous avons fait rentrer dans ce groupe, sous la désignation de *Patens à fleurs doubles*, les variétés issues de croisements entre les différentes sections du genre Patens : *patens*, *lanuginosa*, *Jackmani*. Ces variétés sont distinctes par la duplicature de leurs fleurs et ont conservé plus ou moins les caractères des plantes dont elles proviennent. C'est pourquoi nous préférons en faire une section du groupe qui les a produites, plutôt que de les classer à tort dans les *Florida*, avec lesquelles il n'existe aucune analogie de caractères.

Section Ire. — **Patens.**

Les variétés de cette section sont caractérisées par leur floraison abondante, ayant lieu en mai-juin, sur le bois de l'année précédente, mais elles ne remontent pas. Les fleurs sont grandes, à pétales longuement onguiculés, parfois doubles et solitaires. Ces variétés sont très florifères et peu sarmenteuses, car elles atteignent rarement plus de 2 à 3 mètres de hauteur.

Amalia (importée du Japon). Bleu-lilas clair, plus pâle à la base des divisions ; anthères lilas.

Edith Jackman (Jackman). Larges fleurs blanc teinté de mauve ; anthères pourpre.

Edouard Desfossé (Desfossé). Mauve foncé ; anthères rouges.

Étoile de Paris (Christen). Beau coloris violet clair, veiné blanc.

Fair Rosamund (Jackman). Fleur blanc pur, à bandes médianes rosées.

Helena (importée du Japon). Fleur blanche ; étamines jaunes.

Le Cid (Lemoine). Très grandes fleurs, bleu violacé, à bandes médianes plus vives.

Louisa (importée du Japon). Fleur blanche ; anthères brunes.

Lord Gifford (Noble). Coloris pourpre.

Madame Boselli (Christen). Fleur d'un beau bleu lavande, à bandes médianes violacées.

Nelly Koster (Koster et fils). Très belle fleur blanc pur.

Sir Garnet Wolseley (Jackman). Fleur d'un très beau bleu ardoisé.

Sophia (importée du Japon). Fleur d'un blanc bordé lilas.

Standishii (importée du Japon en Angleterre). Fleur bleu azuré, légèrement odorante.

The Queen (Jackman). Fleur d'un beau bleu lavande et de forme parfaite.

Uranus (Lemoine). Fleur bien faite, à huit sépales

d'un riche coloris violet pourpré, et bandes médianes mauves.

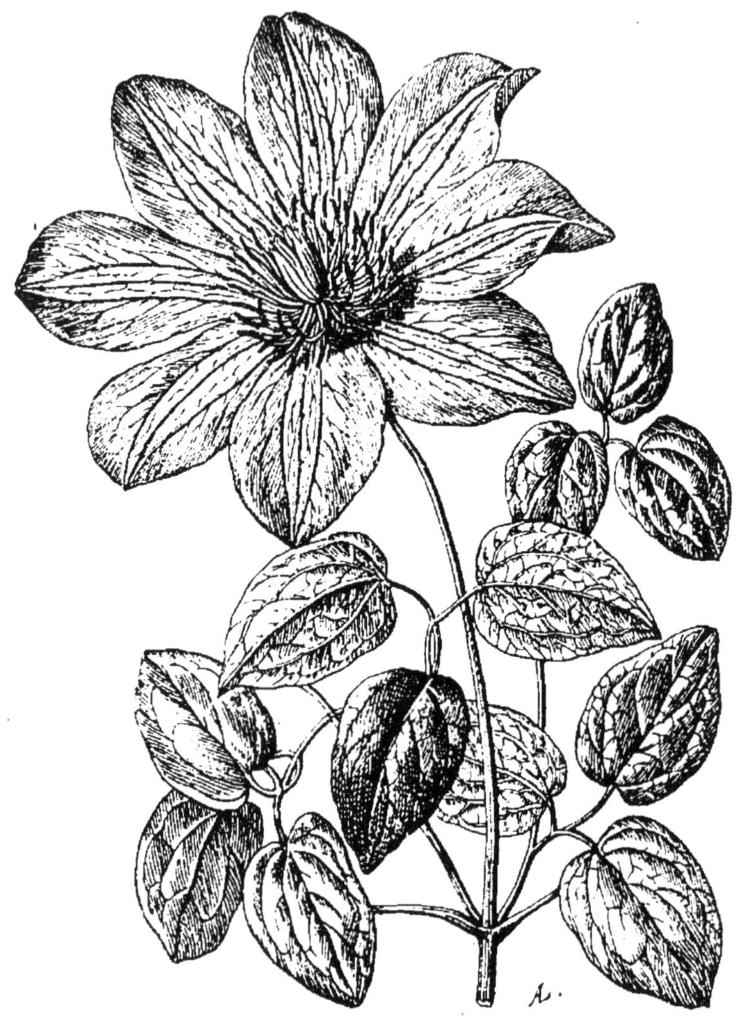

Fig. 20. — Clematis patens (var. *Uranus*).

Section II. — **Lanuginosa**.

A cette section appartiennent les variétés les plus remarquables par la grandeur et la riche coloration de leurs fleurs, qui va du bleu au blanc avec, dans quelques-unes, de jolies bandes médianes rosées. Les sépales sont plus larges que dans les variétés précédentes et se recouvrent à la base, ce qui leur donne un aspect plus étoffé. Les fleurs sont insérées au sommet de longs pédoncules, parfois réunies en bouquets, mais plus souvent solitaires et se montrent successivement pendant tout l'été sur les pousses de l'année. On les reconnait assez facilement à leurs grandes dimensions et à leur villosité sur la face externe, très saillante sur le bouton; les feuilles sont presque glabres. Il en existe un grand nombre de variétés dont plusieurs résultent de croisements avec les *Jackmani*.

Ces variétés fleurissent de mai à octobre sur le bois de l'année; elles sont généralement assez vigoureuses, mais cependant plus délicates que les variétés de la section suivante.

Alba Magna (Jackman). Fleurs à larges sépales parfaitement imbriqués, atteignant 20 centimètres de largeur, du plus beau blanc pur; anthères brunes.

Alfred Grondard (Christen). Large fleur mauve foncé.

Aureliana (Briolay-Goiffon). Très belle fleur bleu azuré.

Bélisaire (Lemoine). Grande fleur lilas tendre, très belle.

Belle Nantaise (Boisselot). Très large fleur d'un beau bleu lavande.

Daniel Deronda (Noble). Très grande fleur bleu violacé, souvent double au printemps; très belle.

Docteur Blanchet (Boisselot). Large fleur d'un beau coloris violet, teinté de rose satiné.

Duchesse de Cambacérès (Paillet). Très grande fleur d'un beau bleu de ciel, à reflets rosés.

Duchess of Teck (Jackman). Large fleur blanc pur, à bandes médianes mauves.

Étoile d'Angers (Gégu). Grande fleur bleu lavande.

Eugène Delattre (Christen). Belle fleur bleu lavande, de forme parfaite.

Excelsior (Cripps). Grande fleur bleue, semi-double.

Fairy Queen (Cripps). Large fleur, d'un coloris chair pâle, avec des bandes médianes rosées.

Gigantea (Christen). Très grande fleur à 2 rangs de larges sépales blanc crème.

Gloire de Saint-Julien (Carré). Très large fleur blanche, à reflets mauves.

Jeanne d'Arc (Dauvesse). Très grande fleur blanc pur.

Lady Alice Nevill (Cripps. Large fleur d'un superbe coloris bleu-porcelaine.

Lady Caroline Nevill (Cripps). Très large fleur bleu pâle, nervures plus foncées ; superbe.

La France (Gégu). Superbe variété à très grande fleur mesurant 20 centimètres de largeur, composée de six à huit sépales ondulés sur les bords, du plus beau bleu d'outremer foncé.

La Gaule (Lemoine). Grande fleur, double quelquefois au printemps, bien étalée, d'un beau blanc; anthères violet brun.

Lanuginosa, type (importée en Angleterre vers 1850). Fleur très large, bleu lavande pâle ; beau feuillage luisant.

Lanuginosa nivea (Lemoine). Grande fleur blanc nuancé.

Lanuginosa perfecta (Frœbel). Large fleur mauve violacé.

Lawsoniana (Anderson Henry). Grande fleur d'un beau bleu lavande.

Madame Emile Sorbet (Paillet). Fleur énorme, bleu de ciel foncé, à reflet métallique.

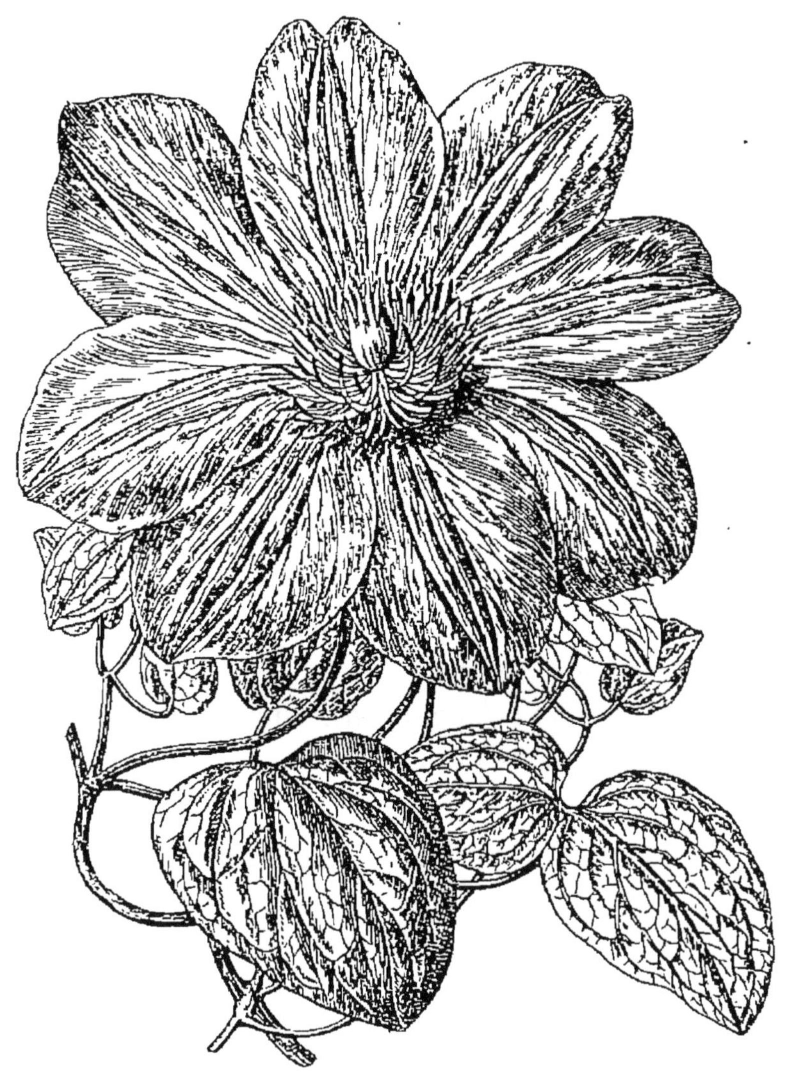

Fig. 21. — Clematis lanuginosa (*Lady Caroline Nevill*).

Madame Van Houtte (Cripps). Très belle et large fleur blanc pur.

Marcel Moser (Moser). Très grande fleur à sépales lancéolés, d'un beau mauve tendre, avec une bande médiane violet foncé. Variété nouvelle et très distincte.

Marie Boisselot (Boisselot). Large fleur blanche, à pétales arrondis ; superbe variété.

Marie Desfossé (Desfossé). Très belle fleur blanche.

Otto Fræbel (Lemoine). Très belle et large fleur blanc rosé.

Président Grévy (Christen). Large fleur lilas foncé.

Regina (Anderson Henry). Fleur très grande, bleu lavande.

Reine des Bleues (Boisselot). Magnifique fleur d'un beau bleu foncé.

The President (Noble). Superbe fleur bleu violet pourpré.

Victor Cérésole (Hort). Large fleur bleu clair, teintée de rose.

Ville de Paris (Christen). Très grande fleur composée de six à huit sépales blancs, à bandes médianes d'un beau rose.

William Kennett (Jackman). Bleu lavande foncé, à bandes médianes claires.

SECTION III. — **Jackmani.**

Cette section renferme un grand nombre de variétés remarquables par leur vigueur, leurs tiges longuement sarmenteuses et leur rusticité. Les fleurs, quoique plus petites que dans les sections précédentes, ont encore une bonne grandeur moyenne qui atteint de 8 à 12 centimètres de diamètre. Le plus souvent, elles sont simples, formées de quatre à six sépales étalés en roue, rétrécis et ne se recouvrant pas à la base, puis élargis, arrondis et mucronés au sommet ; la face supérieure est glabre, tandis que l'inférieure présente trois nervures médianes très apparentes et est pubescente grisâtre, surtout dans le bouton. Ces fleurs se montrent tantôt solitaires et axillaires, tantôt disposées en cymes dichotomes et terminales. La floraison se prolonge plus ou moins abondante depuis juin-juillet jusqu'aux gelées. Plusieurs variétés de ce groupe sont le produit de croisements entre les *C. Viticella* et *C. lanuginosa*. C'est dans ce genre que l'amateur trouvera le plus sûrement des plantes présentant, avec des fleurs moyennes et abondantes, une rusticité plus grande que dans les précédentes et une vigueur telle qu'elles peuvent atteindre 4 à 5 mètres de hauteur et tapisser de grandes surfaces.

Alexandra (Jackman). Fleur violet clair à étamines blanches.

Colette Deville (André Leroy). Grande fleur rouge foncé teinté violet carminé.

Etoile violette (Morel). Beau coloris violet bleuâtre strié carminé.

François Morel (Morel). Fleur moyenne, rouge clair, à quatre sépales.

Gipsy Queen (Cripps). Belle fleur violet foncé velouté.

Jackmani type (voir son origine p. 16). Remarquable par sa vigoureuse végétation et sa longue et abondante floraison. La couleur des fleurs varie du violet rouge au violet bleuâtre ; c'est la plus florifère de toutes les Clématites à grandes fleurs.

Jackmani alba (Noble). Fleur blanche, légèrement teintée lilas ; fleurit quelquefois double au printemps.

Jackmani superba. Violet foncé nuancé pourpre.

Madame Baron-Veillard (Baron-Veillard). Fleur rose

vineux ; plante vigoureuse, à floraison tardive.

Madame Edouard André (André Leroy). Fleur rouge carmin foncé velouté.

Madame Georges Boucher (Boucher). Fleur double, imbriquée, de coloris pourpre, à revers des sépales verdâtre ; fleurit simple à l'automne.

Madame Grangé (Grangé). Fleur d'un très beau coloris pourpre velouté foncé, plante très florifère.

Modesta (Guérin) (SYN. *Viticella Modesta*). Fleur d'un très beau coloris bleu clair veiné plus foncé.

Mlle Elisa Schenck (Grangé). Fleur de 10 à 12 centimètres, d'un beau bleu violacé.

Magnifica (Jackman). Fleur rouge violacé teinté pourpre.

Perle d'azur (Morel). Grande fleur à six sépales bleu d'azur pâle, à bandes médianes rosées.

Purpurea elegans (Cripps). Coloris violet brillant.

Rubella (Jackman). Fleur violet pourpre, de belle forme.

Renaulti grandiflora (Dauvesse). Fleur bleu violacé foncé.

Star of India (Cripps). Grande fleur violet bleuâtre foncé et veiné pourpre.

Splendida (Simon-Louis). Fleur moyenne, violet foncé.

Smith's Snow white (Smith). Fleur blanc pur.

Tunbridgensis (Cripps). Grande fleur violet pâle.

Velutina purpurea (Jackman). Fleur pourpre velouté foncé.

Xerxès (Noble). Fleur composée de huit sépales violet foncé, avec des lignes cramoisies.

Section IV. — Patens à fleurs doubles.

Ainsi que nous l'avons relaté page 58, nous avons compris dans cette section les variétés issues de croisements entre les différentes espèces du groupe Patens (*C. patens*, *lanuginosa*, *Jackmani*) et ayant produit une duplicature dans leur floraison. Ces variétés ont conservé en grande partie les caractères des différentes sections dont elles proviennent. Ainsi, les Clématites *Lucie Lemoine*, *Duchess of Edimburgh*, *Barillet-Deschamps* ont le port et le feuillage des Patens, tandis que *Countess of Lovelace* a une parenté très prononcée avec les Lanuginosa.

Aurora (Noble). Fleur d'un coloris rougeâtre ombré mauve.

Avalanche (Lemoine). Fleur large et pleine, blanc jaunâtre pointillé vert, avec les bandes médianes paille.

Barillet-Deschamps (Lemoine). Très large fleur comptant trente à quarante sépales d'un beau mauve luisant ; étamines soufre.

Countess of Lovelace (Jackman). Belle fleur pleine, à longs sépales lancéolés, d'un beau lilas bleuâtre.

Duchess of Edimburgh (Jackman). Belle fleur composée de dix à onze rangs de sépales imbriqués, d'un blanc pur.

John Gould Veitch (introduite du Japon). Fleur double, bleu clair.

Fortunei (importée du Japon en Angleterre vers 1860). Fleur d'un beau blanc, à sépales réguliers, mesurant de 15 à 18 centimètres de diamètre.

Lucie Lemoine (Lemoine). Très belle fleur blanche ; anthères jaune pâle.

Madame Méline (Christen). Fleur blanc pur, à sépales régulièrement imbriqués.

Fig. 22. — CLEMATIS PATENS FLORE-PLENO. (*John Gould Veitch.*)

Monstrosa (importée du Japon). Fleur blanc pur, grande, à sépales nombreux, lancéolés, ressemblant à celle du *C. Fortunei.*

Proteus (Noble). Fleur grande rose pourpre, à centre plus clair.

Reine des doubles (Gerbeaux). Très grande fleur blanche, à larges sépales.

Undine (Noble). Fleur bleu foncé teinté de pourpre.

IIe GROUPE. — FLORIDA

Ainsi que nous l'avons dit dans la description botanique (p. 19), les *C. florida* étant pollinifères seulement, les hybrides en sont très rares. Ce groupe ne comprend qu'une seule espèce n'ayant produit qu'un petit nombre de variétés. Elles se distinguent des précédentes par leurs fleurs de dimensions moyennes, se développant de mai en juillet sur le bois de l'année précédente et donnant quelquefois une nouvelle floraison à l'automne; elles présentent généralement six sépales courtement onguiculés, amples, se recouvrant jusque vers le milieu et étalés en roue.

Atragène des Indes (importé du Japon en 1776). Fleur double, blanc verdâtre; fleurit tout l'été.

Bicolor Sieboldii (importé du Japon en 1837). Fleur double, à sépales blancs, ayant au centre une couronne de petits pétales violets.

Venosa (obtenue vers 1855 et probablement en Allemagne). Syn. *Viticella venosa*, Hort. — Fleur grande, à cinq-six sépales d'un beau violet, avec une bande médiane violet-rougeâtre, parcourue par cinq nervures. Plante vigoureuse, fleurissant abondamment et pendant longtemps.

IIIe GROUPE. — VITICELLA

Les variétés de cette série ont des fleurs relativement petites, se développant de juillet en octobre, sur les rameaux de l'année. Mais ce qui leur manque peut-être en grandeur de fleurs, elles le rachètent amplement par leur floribondité, par leur vigueur et

Fig. 23. — Clematis Viticella (*Juliette Dodu*).

leur rusticité. Elles se plaisent dans tous les terrains et peuvent garnir de grandes surfaces dans des endroits peu soignés. Croisées avec les espèces ou variétés des groupes précédents, les Viticelles ont produit un assez grand nombre de variétés qui ont conservé la vigueur et la rusticité du type.

La section des *Viticella* proprement dite est parfaitement caractérisée par ses feuilles composées, souvent trilobées, par ses fleurs à quatre sépales en croix et surtout ses achaines non plumeux.

Alba (Carrière). Fleur blanche, de 6 à 7 centimètres de largeur.

Arabella (Lemoine). Fleur moyenne, blanche.

Ascanio (Lemoine). Fleur moyenne, à larges bandes médianes blanches et bords lilacés.

Elegans (Lemoine). Fleur rouge violacé, à bandes médianes carminées.

Flore-pleno (Hort). Fleur à quatre sépales bleu cendré rougeâtre, avec de nombreux filaments pétaloïdes formant une rosette centrale.

Iris (Lemoine). Fleur violet carminé.

Kermesina (Lemoine). Fleur rouge cramoisi foncé, à reflet feu.

La Nancéienne (Lemoine). Fleur double, violet noirâtre brillant.

Léonidas (Lemoine). Fleur plus large et d'un coloris plus vif que *Vit. kermesina*.

Madame Furtado-Heine (Christen). Fleur rouge vineux, à reflet cramoisi.

Madame Moser (Lemoine). Fleur moyenne, à sépales blanc soufré, passant au blanc à complète floraison; anthères pourpre noir.

Monsieur Grandeau (Lemoine). Fleur à bandes médianes mauve pâle et bords violacés.

Monsieur Tisserand (Lemoine). Fleur à fond blanc veiné et bordée de bleu.

Othello (Cripps). Fleur moyenne, pourpre velouté foncé.

Rubens (Lemoine). Fleur ronde, pourpre violacé.

Rubra grandiflora (Jackman). Fleur rouge cramoisi brillant.

Thomas Moore (Jackman). Fleur de 14 à 16 centimètres de diamètre, à sépales violet rougeâtre.

Violacea (Lemoine). Fleur violet pourpré, à centre rose veiné violet.

IVe GROUPE. — **VIORNA**

Depuis quelques années, plusieurs horticulteurs, parmi lesquels nous citerons M. F. Morel, de Lyon; M. Paillet, de Chatenay; MM. Otto Frœbel, de Zurich, se sont presque simultanément livrés aux croisements des espèces de cette section et en particulier des *C. texensis* (*C. coccinea*) et *C. Pitcheri*. Il en est sorti une série d'intéressants hybrides ayant conservé la fleur en forme de grelot et charnue des types, mais présentant des coloris variés, allant du rouge vif au rose, au bleu et au violet plus ou moins foncé. Plusieurs de ces variétés sont nommées et mises au commerce, mais il ne paraît pas, pour le moment du moins, qu'elles doivent se répandre beaucoup dans les cultures, étant donné que les types le sont peu eux-mêmes. Bien que très jolies, elles ne peuvent rivaliser, au point de vue décoratif, avec les variétés horticoles à grandes fleurs.

Bien plus intéressante sous ce rapport est la série de MM. Jackman et fils, d'Angleterre, qui ont fait entrer comme père, dans le croisement du *C. texensis*, une variété grandiflore du *groupe Jackmani*, le *C. Star of India*. Sous son influence, la forme et la grandeur des fleurs se sont considérablement modifiées. Elles sont devenues de dimensions moyennes, campanulées, à quatre-six sépales connivents inférieurement, puis élargis, étalés et aigus au sommet; leur consistance est restée charnue et leur durée plus longue que celles du parent père, comme l'est du reste celle des *Viornées* en général. Le feuillage est celui du *C. texensis*. Les plantes sont vigoureuses, rustiques et très florifères. L'obtention de la première variété, la *Countess of Ounslow*, date de 1894, année pendant laquelle elle fut primée. Il peut être intéressant de remarquer que, cinq ans plus tôt, M. Max Leichtlin avait pratiqué le même croisement et en avait obtenu une variété aussi remarquable, à fleur rose pourpre foncé, devenue la propriété de M. Louis Späth.

Les trois suivantes, dès maintenant au commerce, sont des gains de MM. Jackman :

Countess of Ounslow. Fleur violet pourpre vif, avec des bandes médianes écarlates.

Duchess of York. Fleur rose carné tendre, avec des bandes médianes plus foncées; coloris très délicat.

Duchess of Albany. Fleur rose vif, avec des bandes médianes plus foncées et passant au lilas rosé sur les bords.

Il existe encore quelques autres Clématites hybrides, notamment : *Integrifolia Durandi* (*lanuginosa* × *integrifolia*), ayant les tiges semi-grimpantes et les feuilles entières du type, avec des fleurs terminales, grandes, de 9 à 11 centimètres de diamètre, à quatre sépales, d'un beau bleu violacé, avec les anthères jaunes et bleues à base; *C. Integrifolia diversifolia*, à tiges presque arborescentes, avec des fleurs bleu-porcelaine.

Choix de vingt des plus belles variétés à grandes fleurs.

Bien que nous n'ayons énuméré dans le chapitre ci-dessus que des variétés de premier ordre, à tous les points de vue, nous croyons utile, pour guider l'amateur qui désire faire un choix restreint de Clématites, de mentionner, dans une liste spéciale, les vingt variétés que nous préconisons, comme étant,à vrai dire,une sélection remplissant toutes les conditions désirables : beauté, rusticité, vigueur et floraison continue, pendant toute la période végétative des Clématites.

Ainsi que nous le disions précédemment, la floraison commence par la série des *Patens* proprement dites et des *patens à fleurs doubles*, auxquelles succèdent les *lanuginosa*, aux fleurs très larges et aux brillants coloris. Ces dernières demandent peut-être plus de soins, étant souvent un peu délicates ; mais, en revanche, elles ont l'avantage de donner une seconde floraison qui se continue jusqu'à l'automne. Fin juin, les jolies et vigoureuses *Jackmani* et *Viticella* commencent à se couvrir de leurs guirlandes fleuries, que quelques-unes conservent jusqu'en septembre.

Ces considérations sont données au point de vue général, la culture, jointe à un traitement raisonné, pouvant retarder la floraison normale d'un certain nombre de variétés, ainsi que nous l'indiquerons au chapitre FORÇAGE.

PATENS

Fair Rosamund, blanc.
Le Cid, violacé.
Standishi, bleu.

LANUGINOSA

Belle nantaise, bleu lavande.
Daniel Deronda, bleu violacé.
Lady Caroline Nevill, mauve.

La France, bleu foncé.
Madame van Houtte, blanc.
Ville de Paris, blanc rose.

JACKMANI

Jackmani, violet.
Jackmani alba, blanc.
Madame Edouard André, rouge.
Madame Grangé, pourpre.
Modesta, bleu clair.
Perle d'azur, bleu azuré.

PATENS A FLEURS DOUBLES

Lucie Lemoine.
Countess of Lovelace.

VITICELLA

Alba, blanc.
Kermesina, rouge.
Violacea, violet pourpe.

EMPLOIS DÉCORATIFS

Étant données les grandes différences de vigueur, de résistance, de taille, de dimensions de fleurs et d'époque de floraison que comportent les Clématites, leur emploi diffère selon l'espèce envisagée, le but proposé ou l'emplacement qu'on désire garnir.

Ayant indiqué aux descriptions des types la hauteur que chacun d'eux est susceptible d'atteindre, on devra s'y reporter pour les indications précises à cet égard.

Pour couvrir de grandes surfaces, des murs, des hauts treillages, des ruines, etc., on emploiera avantageusement des espèces très résistantes, telles que : *C. montana*, *C. orientalis*, *C. paniculata*, *C. Vitalba* et autres espèces de la section des Paniculées. Comme plantes moins hautes, mais non moins robustes, des *C. Viticella* conviendront parfaitement. S'il s'agit de tapisser la façade d'une habitation, une balustrade, une rampe, une grille, le tronc d'un gros arbre, un kiosque, etc., les variétés du groupe *Jackmani* et même celles des autres sections à grandes fleurs, si l'endroit est bien exposé, seront les meilleures pour cet usage. Toutefois, on ne doit pas oublier que, chez les Clématites comme chez beaucoup d'autres végétaux, la robusticité diminue en raison directe des perfectionnements qu'elles présentent, et c'est ainsi que les magnifiques variétés modernes sont plus délicates que les espèces citées plus haut. Il faut donc, en outre de la bonne exposition, amender le sol lorsqu'il ne présente pas naturellement les qualités désirables. (Consulter à ce sujet le chapitre CULTURE, p. 78.)

Dans les grandes plates-bandes, on plantera les espèces naines, telles que les *C. recta*, *C. integrifolia* et toutes celles composant le groupe des *Tubuleuses*, qui sont franchement herbacées, puisque leurs tiges périssent chaque année, comme celles des plantes vivaces.

Dans ces mêmes plates-bandes, surtout celles longeant les allées principales des jardins à la française et les grandes avenues, toutes les Clématites à grandes fleurs trouvent une place des mieux appropriée, car, outre qu'elles sont bien en vue, elles y produisent un magnifique effet décoratif. On les plante à une distance de 3 à 4 mètres environ sur le rang du milieu, et on les fait alors grimper sur un treillage de fil de fer en forme de colonne et haut de 2 à 3 mètres. On emploie aussi économiquement trois perches écartées à la base et reliées au sommet, formant ainsi un long cône triangulaire. Il suffit alors d'enrouler en spirale un peu de fil de fer autour des perches, pour faciliter l'accrochement des premières tiges. On peut en outre tendre une perche, ou mieux un fil de fer, formant un demi-cintre d'une colonnade à l'autre et y faire alors filer quelques tiges de Clématites, pour en obtenir des guirlandes fleuries du plus gracieux effet. Enfin, les

Clématites grandiflores ont aussi leur place toute marquée sur les pelouses, où l'on emploie, comme support pour les faire grimper, une colonne, une sphère, un parasol en fil de fer, sur lequel les tiges s'étendent en tous sens et d'où elles retombent en gracieux festons.

Un autre emplói très judicieux et peu connu est celui qui consiste à planter certaines variétés rustiques, notamment les *Jackmani*, sur les grandes pelouses et à laisser leurs rameaux s'étaler et traîner en tous sens, ou bien à les rapprocher et à les fixer à distance convenable, à l'aide d'épingles en fil de fer ou de petits crochets en bois, comme on le fait pour le Lierre. On obtient ainsi de charmants tapis fleuris ou de larges bordures le long des grandes avenues.

CHAPITRE V

CULTURE

La culture des Clématites est,comme leurs propres caractères, très différente selon les espèces ou au moins les sections qu'on envisage. En effet, alors que les unes sont des plantes excessivement rustiques, d'une grande vigueur, croissant sans soins presque partout et en tous terrains, les autres sont sinon délicates, mais demandent du moins quelques soins dans leur traitement ; il convient donc de distinguer l'espèce à laquelle on a affaire.

Culture en pleine terre. — Les Clématites à grandes fleurs hybrides : *Patens*, *Lanuginosa*, *Jackmani*, *Florida*, quelques *Viticella* et autres sont celles que nous considérons comme exigeant certains soins. Tout d'abord, ce sont des plantes calcifuges, c'est-à-dire craignant les sols et les eaux chargés de calcaire ; il faut donc, d'une part, modifier ou remplacer au besoin la terre naturelle et éviter de les arroser avec des eaux de puits qu'on sait être impropres à leurs exigences. De plus, les terres reposant sur un sous-sol imperméable ou celles devenant humides pendant l'hiver leur sont absolument défavorables, puisqu'elles y pourrissent souvent du pied pendant leur période de repos.

Sol et Compost. — Il faut donc examiner le sol au

double point de vue de sa nature et de la perméabilité de la couche inférieure. Dans les plus mauvaises conditions, c'est-à-dire lorsque l'un et l'autre sont impropres aux Clématites à grandes fleurs, il faut, pour que cette plante puisse y pousser, fleurir convenablement et y persister pendant un temps indéterminé, creuser un trou d'au moins 50 centimètres carré et autant de profondeur, placer dans le fond un lit de pierres, graviers, bruyères ou autres matières formant un drainage d'environ 10 centimètres d'épaisseur, puis le remplir du compost suivant :

Terre franche légère (terre à blé)...........	1/3
Terreau de couche........................	1/3
Terre de bruyère ou sable à défaut.........	1/3

La terre provenant des plaques de gazon mises en tas et décomposées, le « fibrous Loam » des anglais, est excellente pour les Clématites, surtout si elle provient de gazonnières siliceuses; son emploi permet de supprimer ou réduire au moins la terre de bruyère et une partie du terreau.

Dans ce cas, on emploie :

Terre de gazon............................	1/2
Terreau..................................	1/4
Terre de bruyère ou sable..................	1/4

Ce compost gagne beaucoup à être préparé à l'avance et reste le même pour la culture en pots ou en caisses.

Quand la terre naturelle est bien saine et que sa composition s'approche déjà de celle que nous venons d'indiquer, il suffit de l'amender avec du terreau, de la terre de bruyère ou du sable et de bien mélanger ces amendements à la terre sur au moins 50 centimètres de profondeur.

Les jeunes Clématites à grandes fleurs livrées au commerce étant toujours en pots, la plantation peut s'en faire à toute époque, même pendant leur pleine végétation, si on a soin de ne pas briser la motte, mais c'est de préférence au printemps, en mars-avril, qu'on procède à cette plantation. Rien à dire sur l'opération elle-même, si ce n'est qu'il faut prendre soin d'enterrer la greffe, mais pas plus de 2 à 3 centimètres, afin que, si la tige venait à périr jusqu'au niveau du sol, il reste encore au-dessous de celui-ci quelques yeux qui offriront la chance de pousser et de sauver ainsi la plante.

Arrosements et engrais. — Si les Clématites redoutent beaucoup l'humidité pendant leur période de repos, elles la recherchent presque pendant celle de leur végétation. On doit donc les arroser copieusement pendant tout l'été, naturellement selon l'état du temps et le degré de sécheresse du sol. Pour les voir croître et fleurir d'une façon luxuriante, il ne leur faut pas de sécheresse, mais l'eau des arrosements doit pouvoir passer rapidement à travers la couche arable et s'écouler dans le sous-sol.

Sans être absolument avides d'engrais, les Clématites ne sont pas réfractaires à leurs bons effets, surtout pendant leur végétation active. A l'approche et pendant la floraison, il y a avantage, surtout pour les plantes en pots, à leur donner, une ou deux fois par semaine, un arrosement à l'engrais liquide dosé faiblement. Les engrais chimiques n'ont pas donné de résultats satisfaisants, sans doute faute d'être composés selon les besoins de la plante, mais on emploie avec succès la vidange, la bouse de vache et même la colombine. Néanmoins, il faut être circonspect dans le dosage de ces compositions, qui doivent être très fortement diluées, ainsi que dans leur application ; l'excès dans les deux sens se traduirait par des résultats funestes.

D'une façon générale, toutes les Clématites qui ne sont pas grandiflores et en particulier les *Viticelles types*, les *Paniculées* et les *Anémoniflores* sont celles que nous avons dit croître presque sans soins. En effet, quelle que soit la nature du sol et de l'eau, à moins que le premier ne soit impropre à la végétation, ces Clématites prennent rapidement pied, poussent avec vigueur et couvrent bientôt de grandes surfaces de leur verdure abondante et de leurs nombreuses fleurs. Nous avons déjà dit précédemment qu'on devait, lorsque le terrain est de qualité médiocre, leur accorder la préférence sur les variétés à grandes fleurs. Leur plantation s'effectue au printemps, sans autres soins que ceux qu'il convient de prendre pour toute plante.

Exposition. — Elle n'est pas indifférente aux Clématites à grandes fleurs, bien au contraire. Sans être absolument exigeantes sous ce rapport, il ne faut pas les planter à une exposition trop brûlante ni dans les endroits où les vents violents risquent de les fatiguer ou de froisser leurs grandes fleurs. Au midi, les plus délicates, notamment les *Lanuginosa*, y sont brûlées par le soleil ; les *Jackmanni* et *Viticella* sont les mieux susceptibles d'y résister, surtout si l'endroit est aéré. Reste l'est et l'ouest qui sont convenables quand le vent n'est pas impétueux. La mi-ombre et les endroits chauds et aérés, quoique abrités, sont les situations préférables pour ces plantes.

Rusticité. — Peu de choses à dire sur la résistance au froid des Clématites envisagées plus haut, car elles le supportent très bien, au besoin à l'aide d'un simple capuchon de paille, si la région est exceptionnellement froide ou exposée. Il n'en est pas de même si on a en vue les espèces des groupes *Viorna* et surtout *Cheiropsis* qui, étant des plantes des pays chauds, demandent un endroit très abrité, une bonne couverture et même la serre dans le nord et l'est de la France. Les *Paniculées*, *Viticelles*, *Tubuleuses* et autres ne souffrent nullement de nos hivers.

Taille. — La taille des Clématites diffère beaucoup selon les sujets auxquels on l'applique.

Nous savons que certaines espèces, notamment les *Patens* et les *Florida*, fleurissent sur les rameaux de l'année précédente, tandis que les *Jackmani* et *Viticella* fleurissent sur les pousses de l'année, par conséquent plus tard. Nous avons dit aussi que les *Lanuginosa* fleurissaient, au printemps, sur le vieux bois et refleurissaient, ensuite, pendant l'été, sur les pousses de l'année. Or, si nous taillions uniformément toutes ces Clématites, il est bien évident que nous supprimerions fatalement toutes les fleurs printanières. Le mode de taille de chacune de ces races s'indique donc de lui-même.

Il faut naturellement tailler long les *Patens* et *Florida* surtout, ainsi que les *Lanuginosa*, afin de ménager les fleurs. La taille doit en somme se réduire à la suppression des branches chétives, des rameaux grêles, mal placés ou formant confusion, au simple raccourcissement de la partie supérieure des bons rameaux, lorsque cette partie est morte, mal aoûtée ou trop grêle pour produire de grandes fleurs.

Sur les *Jackmani* et *Viticella*, on procède d'une façon diamétralement opposée, c'est-à-dire qu'on supprime entièrement les branches grêles ou mal placées et qu'on taille toutes les bonnes branches de l'année précédente à deux bons yeux. Cette taille très courte a pour effet de concentrer toute la sève sur un nombre restreint de pousses, qui croissent alors vigoureusement et se chargent plus tard de grandes et nombreuses fleurs.

Parmi les Clématites à petites fleurs existent aussi quelques espèces fleurissant sur le vieux bois, notamment le joli *C. montana*, que nous avons déjà recommandé à l'attention de ceux qui cherchent des Clématites à la fois vigoureuses, rustiques et élégantes. La taille printanière, c'est-à-dire faite avant le départ de la végétation, sera donc la même que pour les *C. patens*. On peut aussi parfaitement tailler vigoureusement cette espèce de suite après la floraison, afin de réduire sa ramure, et obtenir alors de longs et vigoureux rameaux qui fleuriront normalement l'année suivante, comme si la plante n'avait pas été taillée. Pour avoir de grandes et belles fleurs, on devrait rabattre les rameaux florifères à la moitié de leur longueur.

Pour les vigoureuses espèces du groupe des Paniculées, notamment les *Vitalba*, *Flammula*, *paniculata*, etc., ainsi que le *C. orientalis*, la taille se réduit à un épluchage plus ou moins important, selon qu'on le pratique tous les ans ou tous les deux ou trois ans. Il est même fréquemment nécessaire de les rogner quand elles dépassent les limites qui leur sont assignées et de les rabattre sur le vieux bois quand leurs branches et rameaux deviennent trop touffus et enchevêtrés, tant pour leur redonner de la vigueur que pour détruire et éloigner les insectes et autres petits animaux qui viennent y chercher un refuge.

Les espèces à tiges herbacées et annuelles par conséquent, telles que les *C. recta*, *C integrifolia* et toutes les *Tubuleuses*, seront coupées chaque année au niveau du sol.

L'époque à laquelle il convient de tailler les Clématites n'est pas absolument déterminée. On pourrait le faire sans inconvénient à n'importe quel moment de leur période de repos, soit de novembre à mars. Toutefois, il est préférable de ne pratiquer la taille qu'à la fin de l'hiver, avant le départ de la végétation, afin de supprimer d'un seul coup toutes les parties grêles ou mal aoûtées que l'hiver a pu endommager ou faire périr.

Culture en pots. — Il est très facile de cultiver les Clématites en pots ou en caisses, mais on ne traite ainsi que les espèces et variétés à *grandes fleurs*, certaines *Viticelles*, le *C. montana* et parfois quelques autres. Les espèces à petites fleurs sont moins décoratives et prennent un trop grand développement; elles ne peuvent se contenter de la quantité relativement restreinte de terre qu'on peut mettre à leur disposition dans ce cas.

On cultive les Clématites à grandes fleurs en pots ou en caisses pour orner les balcons, les terrasses ou même les fenêtres de nos habitations et naturellement aussi pour les expositions. Toutefois, étant donné la facilité avec laquelle les Clématites s'accommodent de ce traitement, on peut être surpris de voir qu'elles ne soient pas plus généralement élevées ainsi, pour servir à l'ornementation temporaire des vérandas, des serres et des jardins d'hiver. Nous verrons au chapitre suivant que leur forçage est non moins facile et l'on comprendra alors la précieuse ressource que ces plantes sont susceptibles d'offrir pour les garnitures hivernales, temporaires dans les appartements, permanentes dans les serres.

Le traitement des Clématites à grandes fleurs en pots n'a rien de particulier. Étant déjà élevées et vendues en pots, de 9 centimètres si elles n'ont qu'un ou deux ans de greffe, plus grands si elles sont plus âgées, on les rempote en septembre, dans des pots un peu plus grands, afin qu'elles puissent faire des racines avant l'hiver, en employant pour cet usage le compost que nous avons indiqué précédemment. Les pots doivent être bien propres et fortement drainés dans le fond avec quelques tessons et même une petite poignée de graviers. La terre doit être modérément foulée et il est bon de bomber un peu la surface, afin que l'eau des arrosements ne passe pas toute autour du collet; les arrosements doivent être très modérés ou même nuls tant que les plantes ne poussent pas.

On les tient du reste en serre froide jusqu'au commencement d'avril, époque à laquelle on les sort et on enterre alors les pots jusqu'au sommet. Pendant l'été, les arrosements doivent être copieux, et c'est surtout pour ces Clématites tenues en pots et n'ayant par conséquent que peu de terre à leur disposition que quelques doses d'engrais liquide sont profitables.

A l'automne suivant, il faut de préférence rentrer les plantes en orangerie ou en serre froide, afin que les gelées ne fassent pas casser les pots. On pourrait à la rigueur les laisser en plein air, en couvrant fortement le pied, mais cette couverture est susceptible de les faire pourrir. Par la suite et comme nous le disions plus haut, on devra chaque année, de préférence en août-septembre, donner aux plantes un rempotage, toujours avec le même compost et en employant au besoin des pots plus grands, des caissettes ou de petits bacs, quand la force des plantes le nécessite.

Le tuteurage reste le même que pour les plantes en pleine terre, sauf toutefois qu'on y apporte un peu plus de soins. Pour les forts sujets, les ballons, les parapluies, les éventails en fil de fer, les baguettes de fer mince, posées en triangle, cintrées en berceaux et reliées par quelques tours de spire de fil de fer mince sont plus légers, plus gracieux et plus durables que les tuteurs ou charpentes en bois. On peut aussi employer de légers bambous, entiers ou fendus, avec lesquels on fait des formes légères et gracieuses. Une fois les pousses principales mises dans la bonne direction et attachées de place en place, il n'y a presque plus à s'en occuper.

La taille et autres soins se pratiquent comme nous l'avons indiqué précédemment au chapitre *Culture*.

Forçage. — Le forçage des Clématites est une opération facile, qui permet d'obtenir, pour un but déterminé, soit l'ornementation des serres ou des appartements, soit les expositions florales, des plantes fleuries presque en toutes saisons.

Le nombre des Clématites pouvant se forcer facilement est très grand, presque toutes les variétés pouvant, plus ou moins bien il est vrai, supporter le forçage. Les magnifiques collections de plantes fleuries que les spécialistes des environs de Paris présentent aux expositions qui ont lieu chaque année à différentes époques, parfois à l'automne ou même en plein hiver, sont trop connues pour qu'il soit nécessaire d'affirmer davantage le côté pratique et utile de cette opération.

Les amateurs possédant quelques serres pourraient facilement mettre à profit cette aptitude au forçage pour obtenir pendant l'hiver de magnifiques Clématites fleuries, si décoratives. C'est à cette intention que nous donnons ci-après des indications pratiques, de nature à éviter les insuccès à ceux qui voudront bien s'en inspirer.

Tout d'abord, bien que les espèces et variétés grandiflores soient à peu près les seules que l'on force habituellement, elles ne se prêtent pas toutes indifféremment au forçage. Il convient de choisir d'abord les races, puis les variétés, selon l'époque à laquelle on les forcera, de façon à obtenir des fleurs à une date déterminée. Pour la première série de plantes à forcer, on emploiera presque uniquement les *Patens ;* les *Lanuginosa* seront choisies pour la deuxième et les *Jackmani* et les *Viticella*, constitueront la troisième série du forçage. On pourrait même y adjoindre les *C. eriostemon* et *C. integrifolia Durandi.* Avec les *Patens*, on peut obtenir une première série de plantes fleuries dès novembre, puis successivement pendant tout l'hiver, en y ajoutant plus tard les espèces et variétés précitées.

La première condition pour obtenir une belle floraison sur des Clématites forcées est de posséder un nombre suffisant de plantes élevées en pots, de leur faire développer pendant l'été qui précède de bons rameaux et de bien les laisser s'aoûter. Ici comme chez beaucoup d'autres plantes, le bon bois fait la belle fleur.

Il faut compter environ trois mois pour amener à fleurs une série de Clématites à contre-saison ; huit à dix semaines peuvent cependant suffire pour les *Patens*, leurs fleurs se développant sur le vieux bois. L'époque de la mise des plantes en forçage se calcule donc approximativement sur celle à laquelle les plantes doivent être fleuries ; mieux vaut commencer un peu plus tôt, afin de les pousser moins rapidement et de pouvoir leur donner beaucoup d'air.

Avant de les rentrer en serre, on procède à la taille et au palissage des plantes, comme nous l'avons indiqué précédemment et on leur donne aussi un bon rechaussage de la surface des pots, avec le compost que nous avons indiqué.

La serre dans laquelle on pratique le mieux le forçage est une serre basse, sans banquette et abondamment éclairée en dessus et sur les côtés. Les plantes y sont placées de façon qu'elles touchent presque le vitrage, et cela afin d'éviter l'étiolement. La température ne doit pas s'élever au-dessus de 15 degrés ; elle peut descendre jusqu'à 8 au-dessus de zéro par les temps très rigoureux, sans que les plantes en souffrent d'une façon bien appréciable, surtout si elles ne sont pas très avancées. Il est essentiel de donner beaucoup d'air, d'une façon presque permanente, lorsque le temps le permet. Dans ce cas, on couvre la serre de paillassons pendant la nuit, mais il faut les enlever chaque jour de bonne heure, afin que les plantes reçoivent le plus de lumière possible.

Les arrosements doivent être modérés, surtout

au début du forçage, car les Clématites craignent l'humidité pendant l'hiver. Plus tard, lorsque la végétation est en activité, il faut les arroser plus copieusement et on se trouvera même bien de leur donner quelques doses d'engrais liquide, ainsi que nous l'avons indiqué au chapitre *Culture en pots*, en ayant soin de ne jamais mouiller le feuillage. Enfin, il n'est pas inutile de soufrer les plantes une ou deux fois, pour les raisons indiquées plus loin.

Lorsque les plantes ont terminé leur floraison, on devra les laisser se reposer, c'est-à-dire les placer dans un endroit sec et ne leur donner que peu d'eau. Après un mois à six semaines de repos, elles devront être taillées assez court, ensuite rempotées, si la terre est épuisée et remises en végétation, afin de favoriser le développement du bois, pour la floraison de l'année suivante.

LISTE DE QUELQUES VARIÉTÉS DES DIFFÉRENTS GROUPES SE PRÊTANT LE MIEUX AU FORÇAGE ET CLASSÉES PAR SAISONS

1re *saison.*	2e *saison.*
Edouard Desfossé.	Alba magna.
Etoile de Paris.	Bélisaire.
Fair Rosamund.	Daniel Deronda.
Le Cid.	Eugène Delattre.
Mme Boselli.	Fairy Queen.
Nelly Koster.	Jeanne d'Arc.
Sir Garnet Wolseley.	Lady Caroline Nevill.
Standishii.	La France.
The Queen.	La Gaule.
Aurora.	Lawsoniana.
Duchess of Edimburg.	Marie Boisselot.
Fortunei.	Marie van Houtte.
John Gould weitch.	Président Grévy.
Lucie Lemoine.	The President.
Proteus.	Ville de Paris.

3e saison.

Alexandra.
Etoile violette.
François Morel.
Jackmani.
Jackmani superba.
Mme Ed. André.
Mme Grangé.
Modesta.
Perle d'azur.
Rubella.
Star of India.
Tunbridgensis.
Xerxès.
Alba.
Elegans.
Leonidas.
Mme Moser.
M. Tisserand.
Thomas Moore.
Violacea.

CHAPITRE VI

MULTIPLICATION

Les quatre procédés de multiplication employés pour propager les végétaux : *semis*, *marcottage*, *bouturage* et *greffage*, sont à la rigueur tous applicables aux Clématites ; mais les résultats sont très différents selon qu'on utilise les uns ou les autres. Les marcottes ne font jamais de bonnes plantes et les boutures réussissent rarement ; aussi les praticiens n'emploient-ils que le semis et surtout la greffe. Nous allons étudier chacun de ces procédés, en insistant naturellement sur les deux derniers et en particulier sur le greffage, à l'aide duquel on propage aujourd'hui toutes les espèces et variétés grandiflores, de beaucoup les plus importantes.

Semis. — Le semis s'emploie pour multiplier en quantité toutes les espèces à petites fleurs, telles que les *Paniculées* et en particulier la *Viticella* type, qui sert de sujet pour la greffe.

On ne l'applique guère aux autres variétés que pour obtenir des nouveautés ou alors des plantes en mélange, chez lesquelles la beauté et la grandeur des fleurs ne sont pas les principaux objets en vue.

Les graines doivent être mises en stratification ou semées directement si la quantité est grande, dès leur maturité. Conservées longtemps au sec et semées au printemps, par exemple, la levée en devient très longue et irrégulière ; dans le premier cas, au contraire, elle a lieu de bonne heure en saison.

S'il s'agit de graines de choix et peu abondantes, on les met en stratification dans un pot, mélangées à du sable, puis on les sème en février-mars, dans une terrine bien drainée et remplie de terre légère ; ou bien on les sème dès leur maturité en terrine et on hiverne alors celle-ci sous un châssis froid. Si la quantité de graines est grande et qu'elles soient destinées à être semées en planches, on les sème de suite si le terrain est prêt, ou bien on les stratifie dans du sable, comme on le fait du reste pour beaucoup de graines d'arbres et d'arbustes.

Pendant le cours de l'été, lorsque les jeunes plantes ont atteint 5 à 6 centimètres de haut, on les repique en planches, à 5 ou 6 centimètres de distance, ou en godets si elles sont rares et précieuses.

Marcottage. — C'est un procédé simple, qu'on peut employer lorsqu'on ne désire obtenir que quelques plantes et qu'on est dépourvu du matériel nécessaire pour le greffage. Il convient donc bien plus à l'amateur qu'au spécialiste, qui a besoin d'opérer rapidement et économiquement pour obtenir un grand nombre de plantes. De plus, il présente l'inconvénient suivant, assez grave au point de vue de la durée de la plante. Les Clématites n'émettant des racines que sur les nœuds et les mérithalles étant généralement très espacés, il en résulte qu'on ne peut conserver qu'un seul nœud de racines lorsqu'on relève les marcottes pour les mettre en pots et le nombre de racines est ainsi limité. Ce même inconvénient existe chez les boutures.

Les marcottes se font en juin-juillet, avec des pousses semi-ligneuses de l'année. On pratique la marcotte simple, c'est-à-dire qu'on se contente d'enterrer le rameau dans de la terre légère, sans aucune entaille ni autre opération. On le fixe avec un petit crochet de bois dans le fond du trou, on le couvre et on foule modérément la terre, puis on l'entretient dans un état d'humidité modérée, mais constante. Les marcottes s'enracinent généralement pendant le cours de la saison et peuvent alors être relevées au printemps suivant. Il est presque toujours possible d'amener les branches jusqu'à terre; dans le cas contraire, l'on aurait recours à l'usage des pots, de préférence ceux dits à *marcottes*, qui sont fendus sur le côté pour laisser passer le rameau nourricier.

Bouturage. — Si ce procédé donnait des résultats tant soit peu acceptables, nous nous empresserions d'en indiquer les détails les plus importants, mais la reprise des boutures est si mauvaise que ce moyen de multiplication n'est pas recommandable chez nous. Il n'y a donc pas lieu de nous étendre sur son compte et il suffira de l'indiquer en quelques mots, pour permettre de l'essayer à ceux qu'il tenterait. En Angleterre, le bouturage donne de bien meilleurs résultats, sans doute à cause du climat plus humide et moins brûlant que le nôtre pendant l'été.

Le bouturage se fait, comme pour les marcottes, en été, avec des pousses semi-ligneuses, que l'on repique en godets ou à plein sol dans une serre à multiplication, sous cloches ou sous châssis bien étouffé. On traite ensuite les boutures qui se sont enracinées comme les greffes reprises, dont nous parlerons plus loin.

Greffage. — Ce procédé de multiplication est le plus important au point de vue horticole, car c'est à son aide qu'on propage toutes les espèces et variétés grandiflores. Toutefois, il n'est guère praticable que par les spécialistes, car il exige un matériel et certaines connaissances que ne possèdent pas généralement les amateurs ; d'autre part, ceux-ci n'ont guère besoin que d'un nombre limité de plantes et souvent une fois pour toutes. Néanmoins, nous indiquerons les principaux détails de l'opération et les soins ultérieurs à donner aux jeunes plantes, afin de permettre aux amateurs outillés de mettre ce procédé en pratique et aussi parce qu'il est le plus important.

Le greffage des Clématites peut se pratiquer pendant toute l'année ; toutefois, on l'effectue de préférence à deux époques : en juillet-août, avec les jeunes pousses aoûtées et pendant tout l'hiver, avec ces mêmes rameaux lignifiés et coupés sur des plantes en plein air. Enfin, on emploie aussi la greffe herbacée pendant l'hiver, mais seulement pour les plantes nouvelles, qu'on fait alors pousser en serre, à contre-saison, afin d'obtenir dès le printemps de jeunes plantes livrables.

La greffe en juillet se fait dans une serre non chauffée, tandis que celle faite en hiver nécessite une bonne serre à multiplication, avec chaleur de fond, modérée toutefois.

La première époque ne présente pas beaucoup d'avantages sur la dernière, sauf qu'étant faite à froid, l'opération est mieux à la portée des amateurs et plus économique au point de vue industriel. Toutefois, les horticulteurs, étant beaucoup plus occupés en été qu'en hiver, préfèrent généralement cette dernière époque. Du reste, les plantes greffées en juillet ne sont pas beaucoup plus avancées au printemps suivant que celles qui ont été greffées en hiver ; les soins à donner aux plantes après leur reprise sont les mêmes ; nous les indiquons plus loin.

Il est toujours nécessaire d'étouffer les greffes sous cloches ou sous des châssis à multiplication jusqu'à leur reprise complète, et il faut aussi les abriter soigneusement contre les rayons du soleil, surtout pendant l'été.

On emploie comme sujet des racines d'espèces vigoureuses et faciles à se procurer en quantité voulue. Plusieurs sont utilisables, notamment celles des *C. Jackmani* type et *Vitalba* ; mais les praticiens se servent le plus généralement de celles de *C. Viticella*, qui sont abondantes et les plus grosses de toutes ; la grosseur des racines ayant une assez grande importance pour la facilité du greffage et le succès de l'opération. Pour les greffes herbacées de nouveautés, on emploie souvent des racines préparées, c'est-à-dire des Clématites Viticelles ayant été replantées l'année précédente, après avoir eu leurs racines rognées à 15 centimètres environ. Cette opération ayant facilité l'émission des radicelles, les plantes se développent plus vite. On place alors la greffe sur le collet des racines.

Le *C. Vitalba* ne s'emploie guère que pour les

espèces et variétés vigoureuses de *C. Jackmani* et *Viticella*, que l'on greffe alors au collet de plantes de semis, pendant le cours de la végétation.

Les racines ordinaires de *Viticella* sont choisies

Fig. 24. — Greffe en fente de Clématite, sur fragment de racine. Le greffon est en voie de développement; il émet presque toujours une racine à la base de la greffe.

aussi grosses qu'on peut se les procurer, au moins de la grosseur d'une forte ficelle, c'est-à-dire environ 3 millimètres de diamètre, et coupées en tronçons de 7 à 10 centimètres de longueur. Il n'est pas inutile de tailler la base en biseau, afin de la distinguer facilement et sûrement du sommet. On les assortit ensuite par grosseurs, ainsi que les greffons, afin que les deux parties s'assemblent le mieux possible.

Les greffons n'ont généralement que deux yeux opposés, les mérithalles étant trop longs pour leur laisser deux nœuds au-dessus de la greffe.

On pratique la greffe en fente simple, comme le montre la figure 24. Quand le sujet et le greffon sont d'égale grosseur, les écorces coïncident des deux côtés, ce qui double les surfaces de soudure, et c'est pour cela qu'il y a avantage à assortir autant qu'on le peut les sujets et les greffons. Quand cela est impossible, on met les écorces bien en contact sur le côté qui s'y prête le mieux.

Nous croyons inutile d'entrer davantage dans les détails de cette greffe, bien connue et qu'on pratique ici exactement comme sur tous les autres végétaux auxquels elle est appliquée. On emploie aussi quelquefois la greffe en fente de côté et celle en placage.

Les ligatures se font de préférence avec de la laine, qui, vu son peu de conductibilité, abrite beaucoup plus efficacement les greffes de Clématites de l'humidité qu'elles redoutent que le coton ou le raphia. Il est inutile d'engluer les greffes.

Lorsqu'elles sont terminées, on les empote séparément dans des godets de 7 centimètres, en employant un compost très léger, perméable et en enterrant la greffe jusqu'au collet. Afin d'éviter que l'eau et l'humidité ne s'infiltrent le long de la greffe, on donne à la surface de la terre des pots, en la foulant avec les pouces, une forme un peu bombée au centre, autour de la plante, puis déprimée, concave vers le milieu et de nouveau relevée vers les bords. Comme on ne doit jamais mouiller la greffe, le peu d'eau que demande la terre, pour éviter qu'elle ne se sèche, passe dans le milieu de la motte, sans glisser le long de la plante ni des bords du pot.

Après l'empotage, on place, comme nous l'avons dit, les plantes sous des cloches ou dans des châssis à multiplication et sur une chaleur de fond de 15 à 20 degrés pendant l'hiver, à froid pendant l'été. On enterre les godets jusqu'aux bords dans la tannée fine ou la sciure qui recouvre la banquette. On essuie fréquemment l'intérieur des cloches pour en enlever l'humidité et, s'il est nécessaire d'arroser, on prend bien garde de ne pas mouiller les greffes.

La soudure est complète en quelques semaines, un mois au plus, et il convient alors de soufrer les plantes une ou deux fois, pour éviter le Blanc. Lorsque la soudure est bien effectuée et que les greffes commencent à pousser, on les sort des cloches, on les laisse pendant quelques jours à l'air libre de la serre, puis on les place sur une petite couche sourde, couverte de châssis, où elles passeront l'hiver. En mai suivant, on empote les plantes dans des pots de 10 centimètres, que l'on enterre alors dans une planche du jardin. Dès que les tiges s'allongent, on les tuteure et on évite qu'elles ne souffrent de la soif pendant toute la durée de la végétation, afin de favoriser leur développement. Ces jeunes Clématites sont alors bonnes à être plantées dès l'automne et le printemps suivant. Afin de mettre les pots à l'abri de la casse qu'occasionnent les gelées et aussi de les avoir sous la main pour les besoins de la vente, on les rentre dans une serre ou sous un abri quelconque.

Le Champignon qu'on nomme familièrement Blanc (*Erysiphe*) étant le parasite le plus à craindre chez les Clématites en multiplication, il convient de les soufrer préventivement d'abord et ensuite dès qu'on aperçoit les moindres traces de mycélium ou filaments blanchâtres. Nous avons déjà dit combien ce produit était bienfaisant aux Clématites jeunes ou adultes ; on ne doit donc pas négliger de les soufrer plusieurs fois pendant le cours de chaque année. Cette opération est du reste rapide et peu coûteuse, si on emploie pour cet usage le même soufflet que celui qui sert à soufrer la Vigne.

CHAPITRE VII

FÉCONDATION DES CLÉMATITES

Puisque c'est à l'influence de la fécondation artificielle que les Clématites doivent les perfectionnements dont elles ont été l'objet, on comprendra facilement que nous ne passions pas sous silence cette opération en quelque sorte initiale. Si importants que soient les résultats déjà acquis dans ce beau genre de plantes, nous sommes persuadés qu'il laisse encore un vaste champ ouvert à la sagacité et à la patience des hybrideurs et des semeurs; la preuve en est du reste fournie par les gains remarquables que l'on voit encore sortir fréquemment des établissements où l'on se livre à la culture des Clématites.

La pratique des fécondations artificielles est si générale aujourd'hui et si facile chez les Clématites en particulier, que nous pourrions peut-être nous dispenser d'entrer ici dans des détails que tous les praticiens connaissent et dont le fond reste le même pour tous les genres de plantes.

Cependant, cet ouvrage s'adressant surtout aux amateurs souvent peu au courant des multiples détails de la fécondation artificielle, nous avons cru devoir entrer dans ces détails, leur connaissance et leur application bien entendue pouvant conduire au succès dans l'obtention de nouvelles variétés. La pratique des hybridations, en somme un peu la même pour tous les végétaux, est d'ailleurs un des côtés les plus attrayants du jardinage.

Le but logique de toute hybridation artificielle est d'obtenir une plante nouvelle. Théoriquement, cette plante devra être plus belle que ses deux parents, en empruntant à chacun d'eux ses meilleurs éléments. Mais, dans la pratique, ce résultat est rarement atteint d'une manière immédiate, le nouvel hybride pouvant aussi bien partager les défauts des plantes qui ont servi à l'obtenir qu'hériter de leurs avantages. Dans la grande majorité des cas, une certaine somme des uns et des autres est amalgamée. Parfois des caractères nouveaux apparaissent, et souvent même l'hybride est rétrograde, c'est-à-dire qu'il retourne à ses ancètres et ne vaut plus alors, au point de vue de l'esthétique florale, les plantes qui lui ont donné naissance.

Nous pouvons encore faire remarquer qu'ici, comme dans beaucoup de genres horticoles importants, où les variétés sont cultivées presque à l'exclusion de leurs types primitifs, le produit d'un croisement entre deux variétés d'une même espèce n'est plus un hybride dans le sens propre du mot, mais simplement un *métis*. Les métissages ont bien plus de chances de succès que les hybridations, par suite de la similitude organique des éléments employés à leur exécution. L'un et l'autre se pratiquent exactement de la même manière.

Les deux plantes à croiser étant choisies, il faut, par une culture appropriée, les amener à fleurir simultanément ou à peu près. L'une des deux est choisie pour recevoir le pollen, l'autre pour le fournir. La première doit être celle qui d'habitude graine le plus facilement. Cependant, pour augmenter les chances de succès, il y a intérêt à choisir inversement les plantes en opérant sur d'autres fleurs ou sur d'autres exemplaires, de manière à pouvoir comparer les résultats de deux hybridations croisées différemment.

L'opération nécessite quelques instruments : 1° des ciseaux à lames longues et effilées ; 2° une pince de laboratoire dite « brucelle » ; 3° des pinceaux de blaireau fins et soyeux ; 4° des enveloppes de gaze. De plus, elle doit être précédée de quelques précautions indispensables.

Comme il importe absolument que le pistil de la fleur choisie comme mère ne soit pas pollinisé par ses propres étamines, il est indispensable de supprimer celles-ci avec les doigts, les ciseaux ou la pince, avant leur déhiscence, c'est-à-dire dès l'instant où la fleur s'épanouit juste assez pour que cette ablation soit praticable. On peut quelquefois supprimer, sans inconvénient, tout ou partie des enveloppes florales et, dans les Clématites, ces enveloppes ne sont autre chose qu'un calice coloré. Toutefois, comme une suppression par trop radicale des pièces de la corolle pourrait exposer le gynécée aux intempéries, on peut se borner à la fendre latéralement ou seulement à la replier suffisamment en dehors. C'est là d'ailleurs une simple question de jugement et d'adresse de la part de la personne qui opère l'hybridation.

Bien que nous recommandions de supprimer les étamines dès la première période de l'épanouissement des fleurs, il est toujours bon de s'assurer à la loupe que les anthères ne présentent aucune déhiscence prématurée. S'il en était autrement, l'opération serait à recommencer avec une autre fleur. Pour la même raison, il n'est pas superflu de s'assurer, toujours avec une bonne loupe, que les stigmates surmontant le pistil n'ont reçu, avant l'opération, aucun grain de pollen étranger, soit que ce pollen provienne d'anthères voisines, soit que, par inadvertance, les instruments employés en soient imprégnés. Cette préparation de la fleur porte-graine peut se faire pendant toute la durée du jour, après évaporation de la rosée. Il faut ensuite protéger cette fleur contre l'arrivée d'un pollen étranger, apporté par les vents, les insectes, etc., ou qui pourrait tomber des fleurs voisines. Pour cela, on se sert d'enveloppes de gaze, avec lesquelles on entoure la fleur de manière à l'isoler complètement, tout en la laissant libre de s'épanouir à son aise et en lui évitant toute meurtrissure.

C'est ordinairement un jour ou deux après ces préparatifs que le gynécée de la fleur choisie est apte à la fécondation artificielle, ce qui se reconnaît à l'exsudation visqueuse que sécrètent les stigmates. La chaleur favorise la réussite de l'opération, le froid et l'humidité la paralysent. C'est donc de préférence dans la matinée, lorsque le soleil a séché la rosée et fait gonfler les étamines, qu'il faut en recueillir le pollen. On peut aussi le faire dans l'après-midi, mais il ne reste plus assez de temps pour que les grains de pollen aient le temps de produire leur effet avant la nuit.

On simplifie souvent l'hybridation en se bornant à employer une fleur entière de la plante porte-pollen. On peut aussi détacher les étamines une à une. Enfin c'est une méthode pratique que de recueillir le pollen avec un pinceau. Dans les premiers cas, on promène directement les anthères sur les stigmates de la plante porte-graine; dans le dernier, on dépose simplement sur ses stigmates le pollen recueilli. L'essentiel est de mettre, par n'importe lequel de ces procédés, le pollen suffisamment mûr en contact avec les stigmates, au moment propice. D'ailleurs, pour mieux assurer le succès de l'opération, il est bon de la renouveler sur les mêmes fleurs, à une journée d'intervalle. Il faut naturellement se servir du même pinceau avec lequel on a opéré la veille. Nous ajouterons que l'expérience nécessaire pour bien discerner l'état de maturation du pollen d'une part et des stigmates d'autre part, ne s'acquiert souvent qu'à la longue.

Le pollen est parfois doué d'une plus ou moins grande faculté de conservation. On peut le recueillir aisément au moment de la déhiscence des anthères, le faire ressuyer un peu à l'air, puis le renfermer dans de petits tubes de verre, voire même dans des petits sachets de papier confectionnés à cet effet. Grâce à cette faculté de conservation, il devient possible de le transporter à de grandes distances, ou simplement d'attendre que les stigmates de la fleur porte-graine soient aptes à le recevoir. Par contre, l'aptitude des stigmates à recevoir utilement le pollen ne saurait se prolonger plus d'un jour ou deux.

La fécondation terminée, il faut marquer la fleur opérée d'une étiquette indiquant les noms et rôle des parents et la date d'opération, puis la surveiller et la mettre le plus possible à l'abri des chances de destruction. Nous ne sommes pas certains qu'une fleur ayant reçu un pollen étranger ne puisse être ensuite entièrement réfractaire à l'action d'un pollen plus favorable qui viendrait à se répandre accidentellement sur son style peu de temps après; aussi, estimons-nous, dans cette incertitude, qu'il est plus prudent de tenir la fleur encore coiffée de son sachet de gaze pendant les quelques jours qui suivent. Plus tard, l'enveloppe isolante protège encore le fruit, mais il gêne parfois son développement, et, dans ce cas, il faut l'enlever complètement.

Nous avons dit que les pluies les temps sombres et humides étaient les plus grands ennemis des fécondations. Aussi et surtout pour les plantes à floraison printanière, époque pendant laquelle règne souvent du mauvais temps, est-il préférable d'opérer sur des plantes mises en pots et rentrées en serre à cette intention, avant le départ de leur végétation, afin que celle-ci ne subisse aucune perturbation pendant la floraison et surtout durant la fécondation.

Le succès de l'opération commence à se dessiner lorsque le fruit persiste et commence à grossir; mais la réussite n'est pas toujours certaine, même lors de la maturité des graines. Il arrive quelquefois que la graine, tout en paraissant extérieurement bien constituée, ne contient aucun embryon.

Chez les Clématites, la maturité des fruits n'arrive qu'au bout de cinq à six mois et, comme ceux-ci persistent généralement sur la plante, pendant fort longtemps même, il ne faut les récolter que lorsqu'on est certain qu'ils sont parfaitement mûrs.

Le semis doit être fait de la façon indiquée au chapitre *Semis* et aussitôt après la récolte. En laissant les graines se sécher ou en ne les semant qu'après l'hiver, la germination devient plus lente, irrégulière, douteuse et moins bonne. Semées dès la récolte, les graines germent presque toutes au printemps suivant, tandis que semées au printemps, la germination n'a lieu que l'année suivante et en moins forte proportion. Il y a cependant quelques exceptions à cette règle, notamment pour le *C. orientalis*, dont les graines semées de suite après la maturité germent très rapidement. Dès que les plantes ont quelques feuilles et ultérieurement, du reste, on les traite comme les plants provenant de graines fécondées naturellement. Il faut simplement avoir soin, lors du premier repiquage, de planter tous les plants, car ce sont souvent les plus chétifs et les moins vigoureux qui produisent par la suite les plus belles variétés et parfois des nouvelles.

CHAPITRE VIII

INSECTES ET MALADIES

Comme la plupart des végétaux, les Clématites sont sujettes à des maladies causées, les unes par les ravages des insectes, les autres par des cryptogames microscopiques. Nous classerons donc ces maladies en deux groupes distincts qui, d'ailleurs, au point de vue pratique, correspondent à des traitements de nature différente.

I. — Parasites animaux

1° Pucerons.

Des pucerons de différentes espèces attaquent les Clématites. On en débarrasse facilement les plantes à l'aide de pulvérisations à la nicotine, à raison de un décilitre pour deux litres d'eau (nicotine à 12° ou à 15° Baumé). Les pulvérisations doivent toujours être faites le soir, dès que l'ardeur des rayons solaires n'est plus à craindre. Le lendemain matin, on devra bassiner les plantes à l'eau claire.

On peut aussi employer la solution suivante, dont M. le Dr Delacroix a bien voulu nous communiquer la composition :

Carbonate de soude................	15 gr.
Savon noir........................	10 gr.
Eau bouillante.................. ...	1000 gr.

Ajouter après dissolution :

Pétrole brut........................ 10 gr.

Si les plantes sont jeunes et en serre ou sous châssis, on pourra les fumiger modérément et à plusieurs reprises au besoin.

2° Anguillules.

Ce terme un peu vague désigne les petits vers microscopiques qui vivent aux dépens des plantes, en piquant leurs racines, où ils se logent en colonies nombreuses. Leurs piqûres provoquent sur les racines des sortes de kystes ou galles caractéristiques. Les anguillules appartiennent à un genre de Nématode, l'*Heterodera*, et les diverses recherches qui ont été faites sur les kystes d'un grand nombre de plantes ont fait retrouver partout la même espèce: l'*Heterodera radicicola*. M. Ed. Prillieux a résumé les constatations faites à ce sujet par MM. Magnus, Warming, Licopoli, Max. Cornu, Jobert et Franck, dans les *Annales de la Science agronomique*, année 1885, t. II, p. 25.

M. Ch. Jullien, maître de conférences à l'école nationale d'agriculture de Grignon, a observé, en 1896, l'*Heterodera radicicola* sur les racines des Bégonias. Mais c'est en 1890 qu'il a été reconnu sur les Clématites par le Pr Arthur. Le journal américain *Garden and Forest* a publié à cet égard, sous la signature autorisée du professeur Comstock, un article bien documenté.

La présence de la maladie est facile à constater.

Les racines portent de petites excroissances noueuses ou alles, que la plupart des praticiens ont sans doute observées et dans lesquelles sont logées les femelles de l'insecte. En coupant une de ces galles, on voit, à l'aide d'une simple loupe, noyés dans le tissu de l'excroissance, des corpuscules pyriformes, de même teinte que le tissu végétal, mais néanmoins bien apparents, car leur surface est polie et luisante. En examinant plus soigneusement ces corpuscules, on remarque qu'ils abritent chacun un ver très fortement renflé par les œufs qu'il renferme.

La nature excessivement polyphage de cet insecte microscopique rend sa destruction particulièrement difficile, sinon presque impossible ; sa faculté d'adaptation est si grande qu'on ne peut songer à l'affamer, puisqu'on ne connaît pas encore de plante sur laquelle il ne puisse vivre.

M. Ch. Jullien, après s'être livré à de nombreux essais de traitement différents, présente les conclusions suivantes (1) qui, les dernières en date, marquent le point exact où sont arrêtées actuellement les mesures prophylactiques :

« D'après ce que j'ai pu constater par observation directe, l'immersion des racines, porteuses d'anguillules, dans l'eau ordinaire pendant un séjour de vingt-quatre à quarante-huit heures serait suffisante pour tuer tous les individus non enkystés.

Par conséquent, il y a lieu d'expérimenter, je crois, dans ce sens et il est à espérer qu'en pratiquant l'immersion convenablement prolongée des plantes infestées on réussirait à se débarrasser de cet ennemi de nos plantes ornementales. Ce serait un traitement à la portée de tout le monde et qui aurait l'avantage d'être ni coûteux, ni difficile à mettre à exécution. »

(1) *Journal de la Société Nationale d'Horticulture de France*, avril 1896, p. 380.

Nos expériences personnelles sur les Clématites nous ont fait conclure qu'en effet, ces plantes, ayant les racines charnues, ne pouvaient aucunement souffrir d'une immersion de vingt-quatre heures.

II. — Parasites végétaux.

1° Champignons.

Un champignon microscopique du genre *Erysiphe* (groupe *Oïdium*) sévit sur les Clématites. Ce champignon est vulgairement connu sous le nom de « blanc » ; il est analogue à celui qu'on observe sur plusieurs autres végétaux, notamment les Rosiers et les Pêchers. Le « blanc » se répand principalement sur les plantes lorsqu'elles restent en serre et qu'elles y sont trop longtemps privées de lumière. En plein air, il n'attaque que les sujets placés à une exposition constamment ombragée, où l'air est raréfié par une cause quelconque (le voisinage de bâtiments, par exemple).

Le seul remède qui se soit montré efficace jusqu'à présent contre cette maladie consiste en soufrages préventifs. Mais si ce traitement n'a pas été pratiqué assez tôt, pour enrayer complètement sa marche, on devra avoir recours à l'application de la solution suivante :

Sulfate de cuivre....	7 à 8	grammes	par litre d'eau
Carbonate de soude..	10 à 12	—	—

dissous à part et ajoutés au moment de se servir de la solution.

Lorsque, malgré toutes les précautions prises, les plantes n'ont pu rester indemnes, il est indispensable, à l'automne et avant que les plantes ne soient complètement desséchées, de recueillir avec soin, toutes les feuilles et toutes les tiges contaminées et de les brûler. Faute d'opérer aussi scrupuleusement que nous l'indiquons, nombre de spores hivernantes et à l'état de repos se conserveront sur le sol pour germer au printemps suivant et se multiplier en répandant de nouveau la maladie.

2° Bactériacées (1).

La maladie qui attaque le plus gravement les Clématites est de nature bactérienne, c'est-à-dire qu'elle est causée par la pullulation d'un microbe au travers de ses tissus. Malheureusement, l'infection débute d'une manière insidieuse, et ce n'est la plupart du temps que lorsqu'il est trop tard pour y remédier qu'on s'aperçoit de sa présence. Sans qu'il y ait trace de maladie caractérisée ni d'ennemi animal ou végétal, dans un sol qui paraît pourtant approprié à la culture, alors que les plantes sont en pleine végétation et parfois même en complète floraison, elles sont tout à coup frappées d'un rapide dépérissement. Les fleurs et les feuilles se fanent, les tiges se dessèchent et la plante meurt enfin malgré tous les soins qui lui sont prodigués. Ce sont les espèces les

(1) L'opinion universellement admise aujourd'hui par les savants est que les organismes microscopiques qu'on désigne vulgairement sous le nom de « microbes », et plus scientifiquement sous ceux de *bacilles* ou de *bactéries*, constituent tout un groupe d'Algues infiniment petites, qui sont aux Algues ordinaires ce que sont les « blancs », le « mildiou » et autres champignons microscopiques aux gros champignons connus et dont quelques-uns sont comestibles. L'un des ouvrages qui résume le mieux les connaissances acquises sur les Bactériacées au point de vue botanique est le *Traité de Botanique générale* du professeur Van Tieghem.

plus jolies qui sont le plus souvent attaquées : telles les *Patens* et les *Lanuginosa;* les autres genres : *Jackmani*, *Viticella*, etc., en sont beaucoup plus rarement atteints, ce qu'il faut sans doute attribuer à leur grande vigueur. Enfin, les plantes y sont d'autant plus sensibles qu'elles sont plus jeunes ou de contexture plus herbacée. C'est dire que les sujets parvenus à l'état ligneux y sont beaucoup moins exposés.

Le seul signe extérieur qui décèle l'infection consiste dans le noircissement de la base des tiges, un peu au-dessus du sol. Successivement, derrière l'épiderme noircie, le parenchyme, le liber, puis la zone génératrice où circule la sève deviennent visqueux et se décomposent. On comprend qu'ainsi attaquée dans la source même de sa vie, la plante meurt subitement. Tous ces effets sont analogues à ceux qu'on a observés sur un certain nombre d'autres plantes.

L'espèce de bactérie ou de bacille qui s'attaque aux Clématites n'a pas encore été déterminée. Il est cependant possible que les savantes recherches dont nous parlons ci-dessous aient eu le mérite de faire entrevoir la vérité.

MM. Prillieux et Delacroix ont fait connaître, dans un mémoire communiqué à l'Académie des Sciences en 1890 (1), le résultat de leurs observations. Ils ont pu démontrer que l'infection d'un certain nombre de végétaux cultivés, caractérisée de la même façon chez tous, était due au *Bacillus caulivorus*, de la Pomme de terre. A cet égard, nous ne saurions mieux faire que de reproduire ici une note de M. le Dr Delacroix, parue en 1894, dans la *Revue horticole:*

(1) Comptes rendus de l'Académie des Sciences, t. CXI, p. 208, juillet 1890.

« Ce microbe, dit-il, est le même que celui qui attaque les Pélargoniums et la Pomme de terre sur laquelle il produit une maladie nommée la gangrène de la tige. Le *Bacillus caulivorus*, c'est le nom du microbe, attaque aussi les Gloxinias, les Clématites et sans doute aussi d'autres plantes. Ajoutons que les réactions qu'il donne lorsqu'on le cultive en milieu stérilisé, sur gélatine, suivant la méthode pastorienne, font supposer qù'il pourrait bien être identique à une espèce qui a été, dans ces dernières années, minutieusement étudiée par le Dr Charrin, le *Bacillus pyocyaneus*.

On le voit proliférer dans les cellules des plantes qu'il tue, par les produits toxiques qu'il sécrète, mais l'intensité de son action nuisible est en rapport direct avec la portion de la plante qu'il attaque.

Sur la Pomme de terre, les Clématites, assez souvent aussi sur les Pélargoniums, c'est la base de la tige qui est envahie au début et toute la portion située au-dessus, privée de communication avec les racines par la mortification de la portion intermédiaire, se dessèche et meurt.

Le germe de la maladie réside dans le sol. Des plantes saines, plantées dans une terre qui a donné asile à des sujets malades, ne tardent pas à s'infecter ; mais la maladie doit également se transmettre par l'air, le mode d'attaque le prouve surabondamment.

Il n'y a pas de traitement à opposer à cette maladie et cela se conçoit, car la destruction du bacille entraînerait celle du tissu qui lui donne asile. On doit se borner à éviter l'envahissement des jeunes plants. »

Nos observations et la pratique constante de la culture des Clématites nous ont amenés à penser que plusieurs des maladies examinées plus haut étaient consécutives les unes aux autres. Il ne serait pas impossible que la présence des Nématodes sur les racines, provoquant un affaiblissement constitutionnel, ne prépare ainsi un champ de culture favorable soit à l'infection bactérienne, soit à la propagation des champignons. De même que, probablement, l'une de ces deux maladies doit s'implanter à la faveur de la décomposition ou de la dépression végétative occasionnée par l'autre.

Quoi qu'il en soit, nous sommes en mesure d'affirmer qu'un ensemble de moyens préventifs permettra de préserver les Clématites des maladies auxquelles elles sont exposées. Il ne faudra pas craindre, dès leur plus jeune âge, de leur distribuer des soufrages répétés, comme nous l'avons indiqué plus haut. On complétera ces précautions par les sulfatages à la bouillie bordelaise. Une pincée de soufre, jetée au pied des plantes, dès leur entrée en végétation et renouvelée de temps à autre, sera encore un préservatif et efficace. Les terres employées pour la confection des composts devront être exemptes de tous débris organiques en voie de décomposition humide ou plutôt de pourriture. Il faudra être certain que la terre franche n'aura reçu, depuis quelques années, ni Pomme de terre, ni Betterave ou tout autre végétal pouvant entretenir les bactéries. On pratiquera la plantation comme nous l'avons indiqué au chapitre V, p 78. La substitution du sol plus ou moins usé ou encombré de matières humiques, par une terre analogue en tous points à celle du compost, est surtout nécessaire. Enfin on devra se garder de tolérer dans le voisinage des Clématites tous les corps, quels qu'ils soient, en voie d'une décomposition quelconque.

DEUXIÈME PARTIE

CHÈVREFEUILLES GRIMPANTS BIGNONES, GLYCINES, ARISTOLOCHES PASSIFLORES

CHAPITRE PREMIER

CHÈVREFEUILLES GRIMPANTS

Historique.

Comme les Clématites, les Chèvrefeuilles sont des arbustes rustiques, grimpants ou dressés, très répandus dans les jardins. Le beau feuillage et les élégantes fleurs de certaines espèces les font souvent associer aux Clématites pour garnir les treillages, les berceaux, les grilles, etc. C'est pour cette raison que nous avons jugé intéressant de réunir dans un même volume ces genres de plantes très décoratives.

Si les fleurs des Chèvrefeuilles n'ont pas l'ampleur exceptionnelle de celles des Clématites à grandes fleurs, elles ont pour elles l'élégance de forme, la légèreté et surtout la suavité de leur parfum. Notre flore française est plus riche en espèces de Chèvrefeuilles que de Clématites, car une dizaine y croissent spontanément et quelques-unes, notamment le *Lonicera Periclymenum* (C. des bois), sont même communes dans les bois ; le *L. Caprifolium* (C. des jardins) abonde dans les jardins et se rencontre fréquemment aussi sub-spontané dans les haies, où les promeneurs le dépouillent de ses charmants rameaux fleuris. Le *L. sempervirens* (C. toujours vert, de l'Amérique du Nord) est sans doute une des plus belles espèces du genre, car il joint à ses grandes fleurs brillamment colorées un élégant feuillage persistant. Il prospère fort bien dans les serres froides et les jardins d'hiver, où il peut être employé avantageusement pour orner les murs de fond, les piliers ou la charpente. Il présente en outre plusieurs belles variétés, notamment celle nommée *semperflorens*, qui fleurit jusqu'aux gelées. Dans le *L. japonica* et ses sous-espèces et variétés, nous trouvons des plantes excessivement vigoureuses, rustiques et très florifères. Le *L. j. Halleana*, en particulier, se recommande par sa floraison continue et son parfum pénétrant, pour orner les grilles, les berceaux et le voisinage des habitations. La variété *aureo-reticulata* est, au contraire, une petite plante très décorative par son feuillage réticulé d'or et qui trouve une place avantageuse en bordure des massifs d'arbustes ou même en suspension, ses longs rameaux retombant alors en festons on ne peut plus gracieux.

L'emploi horticole de ces espèces, comme de toutes celles qui sont grimpantes, est exactement celui des Clématites les plus robustes, notamment des Viticelles et des Paniculées, avec lesquelles les Chèvrefeuilles s'associent parfaitement; il n'y a donc pas lieu de l'indiquer spécialement. Leurs longues tiges fleuries entrent avantageusement dans la confection des grandes gerbes de fleurs, avantage que n'ont pas les Clématites, qui fanent rapidement après avoir été coupées et dont les fleurs ne reprennent pas vie lorsque la tige est plongée dans l'eau.

Au point de vue économique et médical, les Chèvrefeuilles ne jouent, pour ainsi dire, aucun rôle et leurs baies inoffensives ne sont que peu ou pas employées de nos jours. Autrefois, on leur attribuait des propriétés antispasmodiques et expectorantes; le sirop qui en était obtenu était employé comme remède dans les cas de bronchites légères.

Les Chèvrefeuilles sont largement dispersés dans les régions tempérées et sub-tropicales de l'hémisphère boréal; ils deviennent rares sous les tropiques et quelques-uns sont des plantes alpines. Presque tous sont rustiques ou demi-rustiques sous notre climat et environ la moitié des espèces connues a été introduite dans les jardins. Plusieurs y sont, il est vrai, assez rares ou même réduits à l'état de plantes de collections, ne se rencontrant guère que dans les établissements botaniques ou scientifiques. Par contre, les espèces précitées et quelques autres sont très répandues et ont même produit des variétés horticoles. Il en existe plusieurs hybrides.

Tant au point de vue botanique qu'horticole, les Chèvrefeuilles sont divisés en deux sections bien distinctes et généralement admises de part et d'autres.

La première section, nommée *Caprifolium* ou Chèvrefeuilles grimpants, renferme toutes les espèces dont les tiges atteignent une plus ou moins grande hauteur en s'enroulant autour des objets voisins. Les fleurs sont réunies en bouquets verticillés au sommet des rameaux et le fruit est couronné par les lobes persistants du calice. Les *L. Caprifolium*, *L. japonica*, *L. Periclymenum* et *L. sempervirens* sont les plus beaux du genre et les plus répandus.

La deuxième section a reçu le nom de *Chamæcerasus* ou Chèvrefeuilles arbustifs, parce que les espèces qui la composent sont à tiges et à rameaux dressés ou peu élevés.

Ainsi que nous l'avons fait remarquer dans la préface, cet ouvrage traitant uniquement des arbustes grimpants, nous croyons devoir ne pas décrire les espèces de cette section qui rentre dans la catégorie des arbustes érigés à feuillage caduc ou persistant.

Description botanique du genre.

Les Chèvrefeuilles constituent le genre *Lonicera*, Linn.; il fait partie de la famille des *Caprifoliacées*, dont il forme la deuxième tribu. Il a été dédié à Adam Lonicer ou Lonitzer, botaniste allemand (1528-1586).

Ce sont des arbustes rustiques ou quelques-uns demi-rustiques, nains ou assez élevés, dressés ou grimpants-volubiles et dont les rameaux s'enroulent de gauche à droite. Ils portent des feuilles opposées, simples, caduques ou parfois persistantes (*L. sempervirens*), glabres ou velues, pétiolées ou sessiles, libres ou soudées-perfoliées (*L. Caprifolium*) et dépourvues de stipules. Les fleurs sont grandes ou petites, souvent odorantes, blanches, jaunes, rouges ou verdâtres et très diversement disposées. Chez les espèces grimpantes, elles forment au sommet des rameaux un ou plusieurs verticilles ou des cymes pédonculées et paniculées et chaque bouquet est parfois accompagné de deux feuilles libres ou soudées, formant une sorte d'involucre ou collerette.

Le calice est courtement tubuleux, régulier et à cinq petites dents. La corolle est plus ou moins longuement tubuleuse, campanulée et entonnoir, à limbe étalé, irrégulier, divisé en deux lèvres inégales ; la supérieure beaucoup plus ample que l'inférieure et à quatre lobes ; l'inférieure entière. Il y a cinq étamines à filets insérés sur le tube de la corolle. Le style est simple, filiforme et à stigmate trilobé. Le fruit est une baie rouge, violacée ou noire et à trois loges contenant chacune plusieurs lobes.

Comme pour les Clématites, nous ne décrirons ici que les espèces les plus belles et les plus répandues dans les cultures ; il nous suffira de citer celles qu'on ne rencontre guère que dans les établissements scientifiques ou dans les collections de quelques rares amateurs.

La nomenclature *horticole* des Chèvrefeuilles est très confuse. Dans la plupart des catalogues, ils sont désignés sous des noms familiers, qui rendent difficile leur rapprochement des espèces réelles qu'ils représentent et des variétés horticoles y sont fréquemment élevées au rang d'espèces. Les inconvénients de cette nomenclature se font sentir dès qu'on cherche à savoir ce que sont les plantes que ces noms représentent. Nous indiquerons ces noms horticoles dans les descriptions qui vont suivre.

Description des espèces et de leurs variétés.

L. Caprifolium, Linn. Chèvrefeuille des jardins. — Plante atteignant plus de 3 mètres, à rameaux sarmenteux, portant des *feuilles* obovales, sub-aiguës, sessiles, glauques et luisantes ; celles du sommet plus larges, soudées entre elles et perfoliées. *Fleurs* blanc jaunâtre en dedans, purpurines sur le tube, très odorantes, disposées en verticilles capités et involucrés ; corolle à tube de 0m05 de long et à limbe bilabié. Fleurit en mai. *Fruits* elliptiques, rouge orangé. Habite l'Europe et l'Asie, très commun dans les jardins et fréquemment sub-spontané. Il en existe des variétés *major*, à végétation plus luxuriante, et *italica*, à floraison précoce.

L. etrusca, Santi. Chèvrefeuille d'Italie, Ch. de la Toscane. — Arbrisseau de 5 mètres, à rameaux sarmenteux, pubescents. *Feuilles* obovales, obtuses, pubescentes, ciliées ; les inférieures courtement pétiolées ; les supérieures soudées-perfoliées, aiguës et glabres. *Fleurs* jaune d'ocre à l'intérieur, purpurines à l'extérieur, odorantes, disposées en trois verticilles au sommet des rameaux. Fleurit en mai-juin. *Fruits* ovales et d'un beau rouge. Habite la région méditerranéenne.

L. implexa, Ait. Syn. *L. balerica*, DC. Chèvrefeuille des Baléares, Ch. de Mahon. — Arbuste grimpant, atteignant 2 mètres. *Feuilles* persistantes, oblongues, entières, obtuses et mucronées, glabres, très coriaces, veinées, réticulées, glauques en dessous ; les florales soudées à la base, avec une échancrure de chaque côté. *Fleurs* jaunâtres en dedans, rougeâtres en

Fig. 25. — LONICERA CAPRIFOLIUM (Chèvrefeuille des jardins).

dehors, odorantes, disposées en un ou quelques verticilles ; corolle pubescente ; style hérissé. Fleurit en mai-juin. *Fruits* ovales, rouges à la maturité. Habite l'Europe méridionale, notamment le sud de la France.

L. Periclymenum, Linn. Chèvrefeuille des bois, Périclymène. — Arbuste sarmenteux-volubile, susceptible d'atteindre une grande hauteur avec l'âge. *Feuilles* ovales, obtuses, atténuées à la base, glauques, pubescentes en dessous, caduques, toutes libres, celles du sommet des rameaux plus petites. *Fleurs* blanc jaunâtre à l'intérieur, rouge foncé à l'extérieur, odorantes, réunies en bouquets terminaux; corolle tubuleuse, à limbe ample et bilabié. Fleurit en juin-août. *Fruits* sub-globuleux, rouge foncé à la maturité, accompagnés de bractées persistantes, de saveur âcre et causant, dit-on, des nausées. Cette espèce, la plus commune dans les bois de toute la France, est parfois cultivée ou sub-spontanée dans les haies et les bosquets. Ses principales variétés cultivées sont :

L. P. belgica, Syn. Hort. *L. rubella*, Hort. — Tiges rouge foncé. Feuilles luisantes en dessus et pâles en dessous.

L. P. quercifolia, Hort. Syn. *L. verna*, Hort. *L. erosa*, Hort. — *Feuilles* sinuées. *Fleurs* plus précoces que celles du type. Il en existe en outre une forme *variegata*, à feuilles panachées.

L. P. serotina, Hort. Syn. *L. germanica*, Hort. — *Fleurs* nombreuses, jaunâtres et se succédant jusqu'aux gelées.

L. hispidula, Dougl. Syn. *L. californica*, Hort. Chèvrefeuille de Californie. — Arbuste à rameaux grêles, sarmenteux, purpurins et hispides. *Feuilles* inférieures pétiolées, ovales-cordiformes; les supérieures sessiles, toutes d'un vert pâle en dessus, très glauques en dessous et bordées de poils raides. *Fleurs* rose violacé, odorantes, fasciculées, verticillées et formant des petites ombelles pédonculées. Habite la Californie, d'où il a été introduit en 1835.

L. gigantea, Hort. — Arbuste très vigoureux, grimpant, à feuilles amples, ovales-arrondies, hirsutes et d'un vert blond, à reflets bleuâtres. Fleurs d'un beau jaune d'or et disposées en longues grappes. Par son aspect et son mode de végétation, il semble rentrer dans le groupe des *Caprifolium;* son origine et ses affinités restent néanmoins encore obscures, car il est fort peu répandu. Il le serait sans doute davantage si sa multiplication était plus facile.

L. flava, Sims. Syn. *L. Fraseri*, Poit. Chèvrefeuille jaune. — Arbuste à rameaux peu volubiles et très glabres. *Feuilles* ovales, vert très pâle, glauques, assez épaisses; les trois ou quatre paires supérieures soudées-perfoliées. *Fleurs* jaune vif, odorantes, disposées en quelques verticilles rapprochés; corolle à tube un peu bossu à la base et à limbe presque bilabié, avec les lobes oblongs, obtus. Fleurit en juin. *Fruits* rouges. Introduit de l'Amérique du Nord en 1810, mais assez rare dans les cultures. Il en existe une variété *flava nova*, à fleurs plus grandes.

L. hirsuta, Eaton; *L. Douglasii*, Hort.; *L. pubescens*, Sweet. — Arbrisseau à rameaux longuement volubiles. *Feuilles* largement ovales-elliptiques, courtement pétiolées, glauques en dessous, pubescentes et ciliées ; les supérieures soudées-perfoliées. *Fleurs* jaunes, odorantes, disposées en plusieurs verticilles ; corolle pubescente-glanduleuse, sub-bilabiée et à lobes oblongs. Fleurit en juin-juillet. Introduit de l'Amérique du Nord en 1730.

L. sempervirens, Ait. ; Hort. Chèvrefeuille toujours vert ; Ch. de la Virginie. — Magnifique ar-

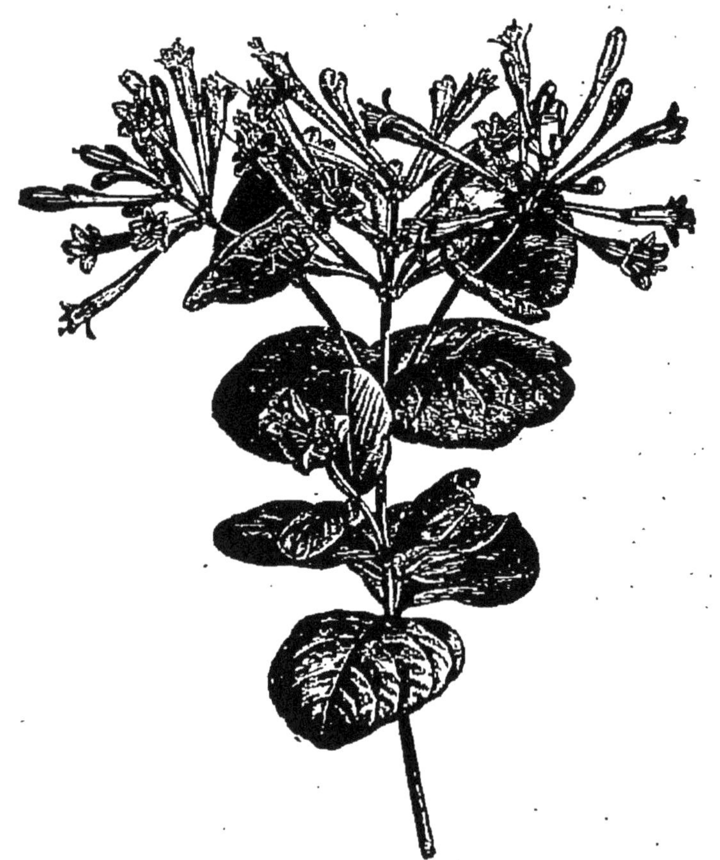

Fig. 26. — Lonicera sempervirens (Chèvrefeuille toujours vert).

brisseau volubile, atteignant jusqu'à 5 mètres. *Feuilles* persistantes, ovales ou oblongues, glabres, glauques en dessous ; les inférieures courtement pétiolées ; les supérieures soudées et la paire située sous les fleurs perfoliée. *Fleurs* d'un beau rouge écarlate à l'extérieur, jaunes à l'intérieur, odorantes, disposées au sommet des rameaux en plusieurs épis courts, involucrés, pédonculés et subpaniculés ; corolle d'environ 3 centimètres de long, longuement tubuleuse, à tube étroit à la base, renflé supérieurement et à limbe découpé en cinq petits lobes. Fleurit au printemps et en été. Introduit de l'Amérique du Nord en 1731. — Ce Chèvrefeuille est un des plus beaux du genre, mais il n'est pas très rustique sous notre climat. Il faut le planter dans les endroits abrités et protéger le pied pendant l'hiver, mais il convient parfaitement à l'ornement des grandes serres froides. Il en existe plusieurs belles variétés, notamment les suivantes :

L. s. *semperflorens*, Hort. — Sous-variété de la précédente ayant le même port et la même végétation, mais ayant l'avantage de continuer à fleurir jusqu'aux gelées. — Cette variété donnant un gros bois, on peut élever des sujets sur une petite tige de 1 mètre à $1^{m}20$ de haut et, ainsi traités, ces arbustes font, par leur port gracieux et leur floraison continue, un très joli effet dans les parterres.

L. *s. Brownii*, Hort. — *Fleurs* plus grandes et plus foncées que chez le type.

L. *s. fuchsioides*, Hort. — *Fleurs* plus longues que celles du *L. sempervirens*, d'un beau rouge orangé à l'extérieur et jaunâtres à la gorge.

L. s. plantierensis, Hort. — *Fleurs* plus grandes et plus belles, à tube vermillon pâle, fortement nuancé d'orange supérieurement, avec le limbe à divisions plus amples, planes et orange foncé brillant.

On connaît, en outre, des formes *major* et *minor*, respectivement plus fortes et plus petites que le type.

L. japonica, Thunb. Syn. *L. chinensis*, Wats. Chèvrefeuille de la Chine. — Arbrisseau volubile, atteignant jusqu'à 10 mètres. Rameaux flexueux et velus. *Feuilles* ovales, sub-aiguës, courtement pétiolées, pâles et velues en dessous, surtout lorsqu'elles sont jeunes; les supérieures simplement plus petites. *Fleurs* rouges et velues à l'extérieur, blanches à l'intérieur, très odorantes, tubuleuses, d'environ 3 centimètres de long, géminées sur des pédoncules axillaires très courts et pourvus de deux feuilles bractéales. Fleurit en juillet-août. Habite la Chine et le Japon, d'où il a été introduit en 1806.

L. *j. flexuosa* Thunb. Syn. *L. brachypoda*, DC.; *L. repens*, Hank. — Arbuste dont les tiges flexueuses, sarmenteuses, grimpantes ou retombantes, ne dépassent guère 3m50 à 4 mètres. *Feuilles* persistantes, ovales-oblongues, aiguës, courtement pétiolées, glabres, sauf les pétioles et les nervures, et toutes libres. *Fleurs* jaunes, très odorantes, axillaires, peu nombreuses, sub-sessiles, tubuleuses et à limbe sub-bilabié. *Fruits* globuleux et glabres. Introduit du Japon en 1806.

L. j. f. reticulata, Hort. Syn. *L. brachypoda aureo-reticulata*, Hort. — Jolie variété à feuilles plus petites que celles du type, fortement veinées et réticulées de jaune d'or très apparent, et devenant rougeâtres à l'automne. C'est une plante très rustique, propre à garnir les suspensions, les grands vases, etc., ou à former de larges bordures.

L. *j. Halleana*, Hort. Syn. *L. confusa*, Miq. Chèvrefeuille du Japon. — Arbrisseau très vigoureux, à tiges volubiles, pouvant atteindre 8 à 10 mètres de hauteur ; rameaux velus, extrémités laineuses. *Fleurs* géminées, passant du blanc au jaune et répandant un parfum pénétrant et très agréable. Les fleurs naissent souvent sur de courtes ramilles latérales, à nœuds rapprochés et forment des sortes d'épis feuillés. Floraison continue, de juin à octobre. C'est un des Chèvrefeuilles les plus recommandables.

Parmi les autres espèces de Chèvrefeuilles grimpants existant encore dans les cultures, mais n'y constituant guère que des plantes de collection, nous citerons : *L. occidentalis*, Hort. ; *L. parviflora*, Lamk ; *L. longiflora*, DC.

Culture.

Nous n'aurons pas à nous étendre bien longuement sur le traitement des Chèvrefeuilles, la plupart étant des plantes rustiques, prospérant sans soins spéciaux et presque dans tous les terrains. Ils poussent, naturellement, avec une vigueur d'autant plus grande que le sol est meilleur et plus fertile, plusieurs même s'accommodent facilement de l'ombre.

La plantation des Chèvrefeuilles se fait de préférence en septembre ou en mars, au moment du départ de la végétation, lorsqu'ils doivent être plantés à racines nues. Mais on peut les planter toute l'année, lorsqu'ils sont élevés en pots. Dans ces conditions, la reprise en est plus facile et ils garnissent en peu de temps l'espace qu'on leur alloue.

La taille des Chèvrefeuilles se réduit généralement à un simple nettoyage des parties mortes, grêles ou formant confusion. Cependant, lorsque les tiges s'allongent par trop, il est bon de leur donner une taille rationnelle. Les Chèvrefeuilles de Chine et du Japon, fleurissant sur les pousses de l'année, peuvent être taillés plus court.

Multiplication.

Pour toutes les espèces types dont on possède des graines, on peut avoir recours au *semis*, lequel se fait alors au printemps, sous châssis froid, et les plantes doivent être repiquées en pleine terre aussitôt que leur force le permet.

Le *bouturage* est le procédé le plus généralement employé par les praticiens. On peut faire les boutures à l'état herbacé ou semi-herbacé, pendant l'été, à froid, sous cloches ou sous châssis ombragé, mais plus généralement à l'état ligneux, en hiver ou avant le départ de la végétation, en leur donnant trois ou quatre yeux. On plante ces boutures sous un châssis froid, si elles sont d'espèce rare délicate, en plein air et en planches quand elles sont rustiques, et en lignes espacées d'environ 0m20 et à 5 ou 6 centimètres sur les rangs. Au printemps suivant, on transplante ces boutures en pépinière.

Le *marcottage* est praticable, mais peu employé, ne fournissant qu'un nombre restreint de sujets ; il peut cependant convenir aux amateurs pour cette raison. On se contente de coucher les rameaux en terre au printemps et, pour hâter l'enracinement, on peut faire une petite incision au-dessous d'un œil enterré.

Enfin, certaines espèces produisent quelques drageons que l'on peut détacher du pied-mère lorsqu'ils sont bien enracinés et les replanter ailleurs si on désire propager l'espèce. S'ils sont inutiles, il faut, au contraire, les supprimer de bonne heure, afin qu'ils n'épuisent pas inutilement la plante.

CHAPITRE II

LES BIGNONES

Le genre *Bignonia* est originaire de l'Amérique et presque toutes ses espèces sortent, pour ainsi dire, des régions tropicales. Tournefort le dédia à l'abbé Bignon, bibliothécaire de Louis XIV.

Les Bignones appartiennent à deux genres botaniques, les *Bignonia* et les *Tecoma* qui, quoique très voisins, n'en sont pas moins maintenus séparés par les auteurs modernes.

Bignonia et *Tecoma* ne se distinguent botaniquement que par des différences dans la position des cloisons de la capsule. Nous pouvons donc, sans inconvénient pour les besoins horticoles, les réunir sous le nom générique et plus familier de *Bignonia*. Du reste, les espèces suffisamment rustiques pour passer l'hiver en plein air sous notre climat ne sont pas nombreuses, trois seulement pouvant être données comme telles dans le nord de la France : ce sont : les *Bignonia capreolata* et les *Tecoma grandiflora* et *T. radicans*. Toutes les autres espèces des deux genres sont de serre chaude, tempérée ou froide, selon leur origine.

Nous employons ici le mot espèce dans son sens botanique, car, en horticulture, il existe plusieurs variétés du *Bignonia radicans*, notamment les *B. speciosa* et *B. Thunbergii*, que l'on serait tenté de prendre pour des espèces, alors que ce ne sont que des variétés d'un même type spécifique, le *B. radicans*, décrit ci-dessous.

Bignonia radicans, Linn. *Tecoma radicans*, Juss. Bignone de la Virginie, Bignone radicant, Bignone commun, Jasmin trompette, Jasmin de Virginie. — Grand arbrisseau atteignant 10 mètres et plus de hauteur, dont le tronc, parfois très gros, est couvert d'une écorce qui s'exfolie par plaques; branches et rameaux rougeâtres. Ces derniers assez gros, très longs et sarmenteux émettent, au niveau des nœuds, des faisceaux de racines courtes qui, comme chez le Lierre, leur permettent de monter d'eux-mêmes le long des murs ou sur le tronc des gros arbres. Lorsque ces rameaux, les florifères notamment, flottent dans l'air, ils ne développent pas de racines adventives.

Les feuilles sont opposées, ayant 4-5 paires de folioles également opposées, plus une impaire terminale. Toutes sont courtement pétiolulées, ovales, acuminées, dentées en scie, un peu ridées, pubérulentes sur les bords et sur les nervures de la face inférieure; la première paire est éloignée du rameau et les suivantes assez espacées entre elles; stipules absentes. Les fleurs naissent de quatre à dix en corymbes compacts au sommet des rameaux de l'année; le calice est tubuleux-campanulé et à cinq dents subégales; la corolle est longue de 5 à 8 centimètres, tubuleuse-campanulée inférieurement, puis brusquement étalée et découpée en cinq lobes courts, arrondis et sub-égaux. Sa couleur est d'un beau rouge écarlate, un peu fauve cependant; il y a quatre étamines fertiles et une cinquième stérile, mais toutes incluses dans le tube de la corolle. Le fruit, qui noue parfois sous notre climat, devient une capsule un peu arquée, atteignant 10 à 12 centimètres de long. L'entrée en végétation au printemps est tardive et la

Fig. 27. — Bignonia (*Tecoma*) radicans.

floraison n'a lieu qu'en juillet-août. Introduit de la Virginie dès 1649, ce Bignone est le plus répandu et se rencontre communément dans les jardins, sur les murs des habitations et sur les clôtures. Il en existe plusieurs variétés dont voici les principales :

— *aurantiaca*, à fleurs un peu plus petites que dans le type et rouge orangé pâle.

— *flava*, à fleurs presque jaunes.

— *major*, à fleurs plus grandes que celles du type.

— *minor*, à fleurs moins grandes, mais de couleur plus foncée.

— *præcox*, à floraison plus hâtive.

— *Princei*, à fleurs très grandes et d'un rouge vif; feuillage petit; variété américaine ayant les apparences du *B. grandiflora*.

— *speciosa*, peu grimpant et devenant arbustif quand il manque de support; très florifère.

— *rubra*, à fleurs presque rouge vif.

— *Thunbergii*, Sibth., à fleurs petites, rouge foncé et tardives. Variété introduite du Japon, sans doute à l'état cultivé, car le type est nord-américain. Peu grimpant.

Bignonia grandiflora, Thunb. *B. chinensis*, Lamk; *Tecoma grandiflora*, Delaunay. Bignone à grandes fleurs. — Arbrisseau moins élevé que le précédent, quoique très sarmenteux et à gros bois rougeâtre. Feuilles opposées et composées de trois à cinq paires de folioles plus grandes que dans l'espèce précédente, ovales-lancéolées ou acuminées, dentelées et d'un plus beau vert. Fleurs également disposées en bouquets au sommet des rameaux de l'année, bien plus grandes et à tube plus court que celles du *B. radicans*. Calice plus évasé et à limbe beaucoup plus ample, formé de cinq grandes divisions étalées, arrondies et d'un beau rouge écarlate brillant; les pédicelles sont en outre pourvus de deux glandes. La floraison commence en juillet. Cette belle espèce est originaire du Japon, d'où elle a été introduite en 1800. Quoique un peu moins rustique et moins robuste que le Bignone de la Virginie, on lui accorde souvent la préférence en raison de l'élégance et de l'ampleur de ses fleurs. Ses principales variétés sont :

— *rubra* (*T. radicans rubra* × *T. grandiflora atropurpurea*), à fleurs plus rouges et plus florifères que le type. 1883.

— *Mme Galen* (*T. grandiflora rubra* × *T. Manglesii*), très florifère et seul réellement remontant. Il se forme sur tige et sa floraison est remarquable et de très longue durée 1889.

— *sanguinea* (*atropurpurea*), fleurs d'un beau rouge pourpre ; très florifère.

Les deux premières variétés ont été obtenues par M. Sahut, de Montpellier, à qui nous devons les indications de leur origine.

Bignonia capreolata, Linn. Bignone orangé, Bignone à odeur de café ; Bignone à vrilles. — Arbrisseau grimpant, à rameaux rudes, effilés et allongés, à feuilles persistantes ; les inférieures composées de trois folioles ovales, cordiformes à la base, acuminées au sommet et à bords entiers, tandis que les feuilles supérieures ne présentent que deux folioles opposées, la troisième étant remplacée par une petite vrille trifide. Les fleurs sont pédicellées et fasciculées par deux-cinq à l'aisselle des feuilles ; le calice est membraneux, presque entier ou à cinq dents courtes ; la corolle est rouge orangé en dehors et jaune en dedans. La floraison a lieu en juin-juillet.

Introduit de la Caroline en 1710. — Cette espèce est plus rare dans les jardins que les précédentes, sa rusticité n'étant pas absolue, mais ses fleurs sont intéressantes par les deux couleurs qu'elles présentent et son feuillage est persistant. Le *B. capreolata* s'accroche à son support à l'aide de vrilles, comme le *B. radicans*.

Une quatrième espèce est mentionnée par Lavallée, sous le nom de *B. lucida*, Lodd, comme originaire de l'Amérique du Nord et sa variété *sempervirens* a dû être cultivée autrefois. Miller la décrit dans son « Dictionnaire des jardiniers » sous le nom de « Bignonia à fleur jaune ».

Des nombreuses espèces de Bignones exigeant la serre sous notre climat septentrional, quelques-unes, celles de serre froide, résistent en plein air sur le versant méditerranéen, dans le Var et les Alpes-Maritimes surtout, où tant d'autres plantes exotiques prospèrent du reste d'une façon parfaite.

La portée de ce livre n'étant pas exclusivement limitée au nord de la France, nous croyons devoir mentionner ici quelques-unes des espèces demi-rustiques les plus remarquables. Ces espèces sont, du reste, recommandables pour orner les serres froides et les jardins d'hiver quand elles peuvent y être plantées en pleine terre.

Toutes les espèces ci-après décrites appartiennent botaniquement au genre *Tecoma*.

B. australis, R. Br. Syn. *Tecoma australis*, R. Br.; *T. diversifolia*, G. Don; *Bignonia Pandoræa*, Vent. — Grand arbrisseau grimpant, à feuilles composées ordinairement de neuf folioles étroitement oblongues, presque linéaires et entières ou à peu près. Les fleurs, réunies en panicules lâches et terminales, sont blanc jaunâtre et teintées de pourpre rougeâtre à l'intérieur, avec de larges lobes. Fleurit en juin. Introduit de l'Australie en 1793.

B. capensis, Lindl. Syn. *T. capensis*, Lindl. — Arbrisseau de 4 à 5 mètres, à feuilles composées de quatre paires de folioles ovales, dentées et poilues à l'aisselle des nervures de la face inférieure. Les fleurs sont d'un beau rouge écarlate orangé, à corolle longuement tubuleuse, avec les étamines saillantes et réunies en grappes compactes. Fleurit en août. Introduit du Cap en 1824. — Ce beau Bignone est assez répandu, car il s'accommode bien en outre de la culture en caisses. Lorsqu'il est soumis chaque année à une taille courte et à des pincements successifs pendant le cours de l'été, il forme des touffes buissonnantes, qui se couvrent de fleurs pendant la belle saison, époque durant laquelle on le met en plein air, à exposition chaude. L'hiver, on devra le rentrer en orangerie.

B. jasminoides, A. Cunn. *Tecoma jasminoides*, Lindl. — Arbrisseau grimpant, atteignant 6 mètres, à feuilles composées de cinq à sept paires de feuilles ovales, acuminées et entières. Les fleurs sont blanches, striées de rouge à la gorge, agréablement odorantes, à lobes très amples, arrondis, étalés horizontalement et ondulés ; elles forment par leur réunion d'élégantes panicules terminales et compactes. Fleurit en août. Introduit de l'Australie en 1830. — Cette belle espèce est assez fréquente dans les collections et justement estimée pour la beauté de ses fleurs.

B. Stans, Linn. *Tecoma Stans*, Juss. — Arbrisseau dressé, glabre, à feuilles composées de trois paires de folioles lancéolées, acuminées et profondément dentées. Les fleurs sont jaunes, longues de 3 ou 4 centimètres, disposées en grappes paniculées, terminales, s'épanouissant en été. Introduit de la Martinique dès 1730. — Il en existe une variété *apiifolia*, Hort., nommée aussi *Bignonia incisa*, Hort. (*Tecoma incisa*, Sweet), à feuilles profondément incisées, presque pinnatifides, qui a été introduite du Mexique.

Emplois horticoles. — Les trois premières espèces de Bignones décrites précédemment étant rustiques sous le climat parisien, on les emploie avantageusement, comme les autres arbustes grimpants, pour orner les murs, les treillages, les grilles, les piliers, les constructions rustiques, les toits de chaume, etc. Tous préfèrent les expositions chaudes et ensoleillées. Le Bignone de la Virginie étant très vigoureux, il faut qu'il puisse disposer d'une surface assez grande pour pouvoir s'y étendre à son aise et c'est surtout lorsque sa ramure est déjà forte qu'il devient très décoratif par l'exubérance de sa végétation et l'abondance de sa floraison. Planté au pied d'un mur brut, ses rameaux s'y fixent d'eux-mêmes et solidement à l'aide de leurs crampons et ne nécessitent alors aucun soin de palissage. Sur les habitations, on peut le faire filer le long des entablements, autour des fenêtres, en forme de guirlandes, comme la Glycine. Ses longs rameaux retombants et terminés chacun par un gros bouquet de fleurs font alors le plus bel effet. C'est, du reste, à cause de ce port retombant qu'il convient d'étendre ses branches assez haut, sur le sommet des grilles par exemple, afin que ses rameaux fleuris produisent tout l'effet dont ils sont susceptibles. Enfin, sa grande vigueur lui permet d'atteindre plus de 10 mètres de haut et, à ce titre, il est tout indiqué pour tapisser, sans secours de treillage, les grands murs nus des habitations.

Le *Bignonia grandiflora* peut aussi atteindre une grande hauteur, mais il n'émet pas de crampons adventifs et a par suite besoin d'un treillage pour pouvoir grimper de toute sa hauteur. Ses fleurs, bien plus grandes et remarquablement plus belles, lui font souvent accorder la préférence, bien qu'il soit moins vigoureux, plus lent à se développer et moins résistant aux grands froids.

Le *Bignonia capreolata* est une belle plante, très grimpante, recommandable par son feuillage persistant et l'abondance de sa floraison. Il suffit de le planter dans un endroit bien exposé, dont le sol soit léger, sain et d'en couvrir le pied pendant l'hiver.

Culture. — Sous ce rapport, les Bignones sont fort peu exigeants. Presque tous les terrains leur conviennent ; ils préfèrent cependant ceux de nature fertile et qui conservent de la fraîcheur pendant l'été. Une fois plantés à demeure, il n'y a pour ainsi dire plus à s'en occuper, si ce n'est pour diriger leurs rameaux dans le sens où l'on désire qu'ils s'étendent et de les palisser s'ils ne se fixent pas d'eux-mêmes.

Les fleurs se développant à l'extrémité des rameaux de l'année, on peut supprimer ces rameaux à chaque printemps, sans crainte de compromettre la floraison ; il est même nécessaire d'enlever toutes les branches qui ne constituent pas des axes de prolongement et qui flottent dans le vide. Cette suppression favorise l'émission de rameaux vigoureux et florifères. Livrée à elle-même, la ramure devient buissonnante, touffue, forme une trop grande épaisseur sur les murs et les rameaux restant plus grêles, leur floraison est plus maigre. Les prolongements doivent être raccourcis à 50 centimètres environ, afin qu'ils ne perdent pas leur vigueur. Il faut en outre supprimer à leur point de naissance et non au niveau du sol tous les drageons qui se montrent ainsi que les gourmands de la tige.

Arrivés à leur hauteur définitive, il est nécessaire de supprimer chaque année au printemps tous les rameaux de l'année précédente, afin que la plante reste dans les limites qui lui sont assignées. Cette suppression n'affecte pas la floraison, bien au contraire, car c'est lorsqu'ils sont arrivés à complet développement et surtout si l'endroit est bien exposé qu'ils fleurissent le plus généreusement. De ce principe il résulte que, tout grimpants qu'ils soient, les Bignones peuvent être cultivés en arbustes dressés et isolés. Il suffit pour cela de les tailler, dès leur jeune âge, ne laissant que quelques centimètres de la base du rameau central pour former la tige. Avec l'âge, cette tige devient solide, forte et se charge chaque année de nombreux rameaux florifères.

Multiplication. — Les Bignones peuvent se propager à l'aide de plusieurs moyens.

Le *semis* doit être fait en terrine, en recouvrant très peu les graines et en plaçant les récipients sur couche, afin de favoriser la germination. Lorsque les plants sont suffisamment forts pour être repiqués en pépinière, on les endurcit au préalable en leur donnant de l'air ou en les passant dans un châssis froid. Le semis est peu employé, car les autres moyens sont beaucoup plus pratiques. Les plantes issues de semis sont souvent plusieurs années avant de montrer leurs premières fleurs, tandis que celles provenant des autres procédés fleurissent dès la seconde année de multiplication et plus abondamment que les précédents. Cette précocité dans la floraison se remarque surtout chez les sujets ayant été multipliés par la greffe.

Le *bouturage* s'emploie surtout pour les espèces de serre, dont on fait les boutures à l'état herbacé, en serre à multiplication et sous cloches; on peut aussi utiliser ce procédé pour les variétés de plein air, en se servant des rameaux de un ou deux ans, venus dehors. En ce qui concerne ces dernières variétés, le procédé le plus simple et le plus employé pour la multiplication des espèces à grosses racines : *B. radicans* et *B. grandiflora*, par exemple, est la bouture faite avec des sections de racines.

Au printemps, avant le départ de la végétation, on extrait, autour des gros pieds de Bignones, des racines ayant la grosseur du doigt; elles sont coupées par fragments de 5 à 6 centimètres et mises dans des terrines placées elles-mêmes sur couche tiède. Un mois à six semaines plus tard, ces boutures ayant émis des pousses, elles sont repiquées en pépinière ou en pots.

Les plantes multipliées par ce procédé ne sont pas toujours très florifères et les variétés du *B. grandiflora* sont principalement dans ce cas. Pour éviter cet inconvénient, on doit avoir recours au greffage.

La *greffe* des Bignones se fait également au printemps, sur des racines de *B. radicans*. On la pratique en fente, sur des sections de racines de 7 à 8 centimètres de longueur. Lorsque les plants sont greffés, ils sont mis soit en pot, soit en terrines et rentrés en serre ou placés sur une couche tiède. Une fois enterré, le greffon ne tarde pas à s'affranchir.

Toutes les variétés du genre se multiplient facilement au moyen de ce procédé ; on choisira, autant que possible, des rameaux ayant fleuri.

On peut aussi multiplier les *Bignonia* par le *marcottage*. Dans ce cas, on choisit les gourmands ou rameaux vigoureux qui poussent au pied du sujet. L'année suivante, ces rameaux sont couchés en terre et, un an après, ils ont émis assez de racines pour pouvoir être sevrés et mis en place. Cette méthode est moins pratique et moins employée que celle du greffage, indiquée plus haut.

CHAPITRE III

LES GLYCINES

Les Glycines sont au nombre de nos plus beaux arbustes grimpants, joignant à une vigueur exceptionnelle une floraison remarquablement belle. L'une d'elles, la Glycine de la Chine, est aujourd'hui excessivement populaire et cultivée presque partout. La Glycine de la Chine est sans contredit une de nos plus belles lianes d'ornement. Sa vigueur est extrême et la surface que peuvent couvrir ses rameaux, qui s'allongent sans cesse, est presque incroyable. On en voit assez fréquemment enlacer d'un seul pied une maison tout entière, en formant des guirlandes fleuries autour des fenêtres, des balcons et jusque sur les toitures. Sa rusticité est parfaite sous notre climat et presque tous les sols et les expositions lui conviennent. Son feuillage vert reste indemne du ravage des insectes et des champignons, et ses longues grappes de grandes et belles fleurs printanières, dont la floraison se prolonge souvent une partie de l'été, sont d'une beauté incomparable. De plus, sa longévité est très grande, car on voit assez souvent des Glycines dont le tronc atteint plus de 25 centimètres de diamètre. Sa popularité se justifie donc parfaitement ; et quand on désire une plante susceptible de couvrir une très grande surface, c'est souvent elle qui est choisie et jamais on n'a à le regretter.

La Glycine de la Chine laisse ses congénères loin derrière elle. Cependant on cultive plusieurs autres espèces qui, tout en n'ayant pas ses qualités, n'en sont pas moins recommandables par la longueur ou la beauté de leurs grappes de fleurs.

Description botanique du genre. — Les Glycines constituent le genre *Wistaria*, dédié par Nuttal à Caspar Wistar, de l'université de Pensylvanie, 1761-1818 ; il appartient à la famille des *Légumineuses*. On en connait cinq espèces, toutes introduites dans les cultures, dont quatre sont originaires de la Chine et du Japon, tandis que la cinquième habite l'Amérique du Nord. Ce sont des arbustes à rameaux longuement sarmenteux, très grimpants, mais à peine volubiles, garnis de feuilles alternes, caduques, composées de plusieurs paires de folioles opposées, avec une impaire terminale, toutes pétiolulées, entières, glabres ou finement soyeuses quand elles sont jeunes et souvent accompagnées de stipelles. Les fleurs sont papilionacées, souvent bleues, parfois blanches ou lilas, grandes, pédicellées et éparses sur un long rachis formant une grappe pendante et terminant les jeunes pousses ; le calice est court, renflé avec les deux dents supérieures soudées tandis que les trois inférieures sont libres et triangulaires ; l'étendard est ample, redressé, arrondi, avec deux callosités parallèles à la base ; les ailes sont oblongues, arquées, un peu plus longues que la carène ; celle-ci est rétuse, sans mucron et à deux onglets libres; l'androcée a dix étamines diadelphes.

Le fruit est une longue gousse courtement pédicellée, coriace, uniloculaire, bosselée ne contenant qu'un petit nombre de graines.

W. chinensis, DC. Glycine de la Chine, G. commune. — Arbuste très grimpant, dont les longs rameaux sarmenteux peuvent atteindre 20 mètres et plus, garnis de feuilles alternes, caduques, à cinq-six paires de folioles, plus une impaire, toutes ovales-lancéolées, aiguës, pétiolulées, entières, glabres à l'état adulte, mais couvertes quand elles sont jeunes d'une fine pubescence apprimée bientôt caduque, et accompagnées de stipelles filiformes; stipules nulles. Fleurs grandes, d'un beau bleu violacé, odorantes, nombreuses, formant de longues grappes pendantes; corolle à étendard très ample, arrondi, dressé, muni à la base de deux callosités et à ailes ne présentant qu'une petite oreillette. Le fruit devient une gousse allongée, velue-soyeuse. La floraison normale a lieu en mai-juin et souvent les plantes vigoureuses fleurissent une seconde fois en juillet-août, moins abondamment qu'au printemps.

Cette espèce habite la Chine et le Japon, d'où elle a été introduite en France par Boursault, en 1825. Les qualités que nous avons énumérées précédemment l'ont fait répandre très rapidement et on la voit partout aujourd'hui. Malgré sa vigueur, sa rusticité et surtout l'abondance de sa floraison, elle fructifie rarement sous notre climat et ses graines sont rares. Ce n'est point à regretter, car elle se propage facilement par le marcottage ou le bouturage et les sujets ainsi obtenus fleurissent bien plus tôt et plus abondamment que ceux provenant de semis. Sa vigueur extrême oblige à la tailler, et c'est généralement sous forme de cordons, courant au-dessus des grilles, le long des corniches, autour des fenêtres et des balcons des habitations qu'elle est dirigée. La taille se borne à supprimer les rameaux latéraux un peu au-dessus de leur base et c'est sur les coursonnes

Fig. 28. — Wistaria chinensis (Glycine de la Chine).

que se développent les jeunes rameaux qui se couronnent bientôt d'une grande inflorescence pendante.

La Glycine de Chine a donné naissance aux variétés suivantes :

Alba, Hort., à fleurs blanches, très odorantes, mais un peu plus petites et en grappes plus grêles que celles du type ; les feuilles sont également plus fines.

Flore-pleno, à fleurs plus ou moins parfaitement doubles et d'un violet plus foncé.

Variegata, à feuilles élégamment panachées de blanc, mais la plante est peu vigoureuse.

Macrobotrys, à fleurs blanc teinté de lilas, réunies en très longues grappes.

W. multijuga, Van Houtte. Glycine à longues grappes. — Quoique considérée comme variété de la précédente par les botanistes, cette plante en est suffisamment distincte au point de vue horticole. Son port et sa végétation sont ceux du *W. chinensis*, mais ses feuilles ont des folioles plus nombreuses, moins larges et ses inflorescences sont bien différentes, car elles atteignent de 80 centimètres à 1 mètre et plus de long, mais elles sont beaucoup plus grêles. Les fleurs sont aussi plus petites, à carène mauve violacé, avec un peu de jaune, tandis que les ailes et la carène sont violet lilacé; elles n'ont presque pas d'odeur. Les fruits ne nouent que vers l'extrémité des grappes; ils atteignent 15 centimètres de long et sont renflés au sommet, où se trouve la graine unique. La floraison a lieu à la fin de mai. Cette plante n'a été introduite du Japon qu'en 1874.

W. m. alba, à fleurs blanc pur ou du moins ne présentant qu'une petite tache lilas sur l'onglet. Cette variété est très odorante et mériterait d'être plus répandue.

W. frutescens, Poir. Syn. *W. speciosa*, Nutt. Glycine d'Amérique. — Arbrisseau courtement sarmenteux, n'atteignant guère que 5 mètres, à rameaux soyeux-pubescents quand ils sont jeunes, portant des feuilles à neuf-treize folioles ovales-lancéolées ou oblongues, également soyeuses-pubescentes quand elles sont jeunes et dépourvues de stipelles. Les fleurs sont d'un bleu purpurin, odorantes et disposées en grappes compactes, courtes, dressées, insérées sur de courts rameaux et accompagnées de bractées caduques. Habite l'Amérique du Nord, d'où on l'a introduite en 1724. C'est donc la plus anciennement connue. On en possède plusieurs variétés ; ce sont :

Magnifica, à fleurs très nombreuses, bleu violacé clair, avec une macule jaune sur l'étendard.

Alba, à fleurs blanches.

Purpurea, à fleurs violet purpurin.

Backhousiana, à fleurs violettes, en grappes longues et compactes.

Nous citerons simplement pour mémoire les ***Wistaria brachybotrys***, Sieb. et Zucc et *W. japonica*, Sieb. et Zucc. (dont on fait maintenant un *Milletia japonica*, A. Gray). Bien qu'introduites depuis longtemps dans les cultures, ces deux plantes se sont très peu répandues.

Culture. — Les Glycines sont très rustiques et nullement délicates ; elles supportent sans souffrir nos hivers les plus rigoureux, s'accommodent de presque tous les sols et toutes les expositions leur conviennent. Le nord peut leur être contraire, mais si le pied est planté dans de bonnes conditions et que les branches puissent s'étendre au soleil, elles y fleurissent très bien.

Les sols légers, profonds et frais leur sont plus particulièrement favorables ; elles vivent dans les terres fortes, mais végètent ou poussent plus ou moins vigoureusement. Lorsqu'elles se trouveront dans cette dernière condition, on devra mélanger de la terre de bruyère au sol naturel. Si l'emplacement le permet, il est préférable de planter la Glycine à une certaine distance de l'endroit qu'elle est appelée à garnir et de coucher sa tige dans une tranchée. Dans ces conditions, la plante émet des racines sur la partie enterrée de sa tige, ce qui contribue beaucoup à favoriser son développement.

La taille est nécessaire aux Glycines pour leur donner la direction voulue et les débarrasser de leurs ramifications superflues. On devra conserver du vieux bois, car c'est sur lui que se développent les ramilles florales; le mieux est de ménager sur les branches charpentières des sortes de coursonnes dont on supprime chaque année les rameaux d'un an, un peu au-dessus de leur empâtement.

Multiplication. — Elle peut s'effectuer à l'aide de la plupart des procédés connus; mais, comme nous l'avons dit plus haut, en parlant des *Bignonia*, les plantes provenant de *semis* sont beaucoup plus longtemps à se mettre à fleur et la floraison est moins abondante. Aussi n'est-il guère utilisé que dans la production des sujets pour la greffe.

La *greffe* est employée pour multiplier les variétés peu répandues. Elle se fait sur de jeunes sujets ayant été mis en pots. On pratique la greffe en fente sur le collet, en mars-avril. M. Charles Baltet, dans son *Art de greffer*, indique également la greffe en fente ou en incrustation sur fragment de racines. Les plants sont ensuite rentrés en serre à multiplication ou sous châssis et, la reprise étant facile, les sujets sont bons à mettre à l'air libre six semaines après.

Un des procédés le plus employé pour la multiplication des Glycines est le *marcottage*. Il se fait au printemps, avec les pousses de l'année précédente ou en juillet avec celles de l'année. Pour obtenir de suite des sujets forts, les couchages devront être faits en pots. S'ils sont assez enracinés, ils pourront être sevrés au printemps et ensuite livrés à la pleine terre. Si, au contraire, on veut les multiplier en grande quantité, les branches seront couchées plusieurs fois, c'est-à-dire de manière qu'il y ait un œil en terre et un hors terre. Il est toujours bon de pratiquer une incision au-dessous de l'œil qui est enterré, afin de faciliter l'émission des racines. Au printemps suivant, les plants seront sevrés et repiqués ou mis en pots.

Quoique assez difficiles à la reprise, les Glycines se multiplient également par le bouturage. Cette opération peut être faite en juillet, avec des pousses semi-aoûtées et en serre, ou au printemps, avec des pousses de l'année précédente, sectionnées par longueurs de 20 à 25 centimètres. Ces boutures seront mises en rayons et espacées de 5 à 6 centimètres les unes des autres, de manière qu'il n'y ait hors terre que quelques centimètres. Au bout de deux ans, les plantes seront bonnes à mettre en place ou à rempoter.

Il faut toujours avoir soin de tuteurer les plantes.

Forçage. — Les Glycines ne sont pas seulement des plantes grimpantes d'un haut mérite ornemental; elles constituent aussi une excellente ressource pour la culture forcée.

Il y a quinze ans environ, un habile praticien, M. Isidore Leroy, eut l'idée de soumettre la Glycine de la Chine au forçage et, après plusieurs essais d'observation, il vit ses efforts couronnés d'un plein succès.

En janvier-février, nous avons pu admirer dans les cultures qu'il dirige, au domaine d'Armainvilliers, des Glycines de 0^m80 à 1^m30 de hauteur, portant une quantité de jolies grappes dont l'emploi, pour la garniture des serres ou des grands appartements, forme un effet aussi gracieux qu'élégant.

Aussi, bien que cet ouvrage ne traite que des plantes grimpantes, ne pouvons-nous passer sous silence la culture avancée des Glycines.

Préparation des plantes. — Ce sont les Glycines provenant de boutures ou de greffe qui se portent le plus facilement à fleur. Les boutures se font comme nous l'avons indiqué précédemment. Les plantes rempotées soit en terre de bruyère, soit dans un mélange de terre de bruyère et de terre franche, sont ensuite placées en planches, les pots enterrés jusqu'au bord. Lorsque les tiges volubiles se développent, elles sont pincées à 10 centimètres environ de longueur; on répète l'opération au fur et à mesure du développement. Avoir soin de tourner de temps en temps les pots pour que les racines ne prennent pas en dessous, ce qui empêcherait les plantes de se mettre à fleur.

L'année suivante, les Glycines seront rempotées suivant leurs besoins, en continuant le traitement indiqué ci-dessus. La troisième année, beaucoup auront déjà des boutons et seront bonnes à être forcées.

Entre novembre et mars, selon l'époque à laquelle on désire les obtenir fleuries, les plantes seront rentrées dans une serre dont la température sera maintenue entre 10 et 12°, afin qu'elles entrent en végétation lentement. On les tiendra dans cette serre quinze jours à trois semaines, en ayant soin de les bassiner deux fois par jour. Ensuite, les plantes seront passées dans une serre plus chaude ou bien on élèvera la température de celle où elles se trouvent à 15-18°. On cessera les bassinages et les rameaux volubiles qui se développeront seront pincés à 10 centimètres. Dans ces conditions, six semaines à deux mois suffisent pour obtenir la floraison. C'est donc sur cette durée du forçage qu'il convient de baser la mise en végétation.

Lorsque les plantes seront défleuries, il faudra les laisser se reposer, c'est-à-dire les arroser très peu pendant une période de deux mois; puis les rempoter, suivant qu'elles le nécessitent pour recommencer plus tard la même opération. Il est prudent de ne soumettre les plantes au forçage que tous les deux ans.

CHAPITRE IV

LES ARISTOLOCHES

Les espèces d'Aristoloches sont nombreuses, mais, comme les Passiflores, presque toutes sont des plantes de serre chaude ou tempérée et c'est à peine si deux ou trois espèces sont susceptibles de résister en plein air aux hivers de notre climat. Une seule, l'A. Siphon, y est très répandue. Mais, pour être unique, cette espèce constitue une des plus belles et des plus vigoureuses lianes d'ornement que nous possédions Si ses fleurs n'ont pas les dimensions et la singularité de celles de ses congénères de serre, son feuillage possède une ampleur et une beauté peu communes, et c'est surtout comme plante grimpante à feuillage qu'elle est appréciée.

Cette Aristoloche est entièrement rustique chez nous et d'une vigueur telle que ses tiges atteignent, en s'enroulant autour des objets à leur portée, soit le sommet de nos habitations, soit la cime des grands arbres. Elle s'accommode assez bien de l'ombre, pourvu que l'endroit ne soit pas étouffé et son feuillage, qu'aucun insecte ni maladie ne touche, persiste et conserve sa belle teinte verte jusqu'aux gelées. Voici, du reste, ses caractères :

Aristolochia Sipho, L'Hérit. Aristoloche Siphon. — Plante atteignant jusqu'à 10 mètres, à tiges volubiles, très longues, restant minces et vert foncé, portant

Fig. 29. — ARISTOLOCHIA SIPHO.

de grandes feuilles caduques, alternes, longuement pétiolées, dépourvues de stipules, à limbe très ample, ayant souvent plus de 25 centimètres de long, cordiforme à la base, arrondi ou sub-aigu au sommet, assez épais, glabre et d'un beau vert. Fleurs solitaires au sommet de longs pédoncules pendants et portant au milieu une grande bractée ovale; elles sont petites, cachées sous les feuilles et présentent exactement la forme d'une pipe allemande ; corolle tubuleuse, verdâtre extérieurement, courbée et redressée, puis s'ouvrant en un petit limbe oblique, découpé en trois lobes égaux, triangulaires, jaune brunâtre et bigarrés de noir. Fleurit en mai-juin. Habite l'Amérique du Nord, notamment les forêts des Etats-Unis, d'où il a été introduit il y a fort longtemps.

L'Aristoloche Siphon s'emploie avantageusement pour tapisser les grandes surfaces murales, les treillages ou les berceaux, à toutes les expositions, même au nord ; elle forme aussi d'élégantes guirlandes quand on la fait filer horizontalement autour des habitations ; on peut aussi la planter au pied des arbres morts ou de ceux à grande envergure, qu'elle garnit alors de son grand et beau feuillage. Quoique peu délicate, elle préfère les terres franches, profondes et saines. Sa multiplication peut s'effectuer par le semis et par le marcottage. On sème les graines au printemps, en terrines et sous châssis, puis on repique les plants en pépinière, en pleine terre ou en godets et ils sont bons à mettre en place l'année suivante. Les marcottes se font au printemps, avec des tiges que l'on incise au-dessous d'un nœud pour en faciliter l'enracinement. On peut alors les sevrer au rpintemps suivant.

L'*A. tomentosa*, Linn., est une espèce très voisine de la précédente; elle s'en distingue surtout par les poils soyeux qui recouvrent les deux faces de ses feuilles, leurs pétioles ainsi que les parties jeunes des tiges. Quoique aussi rustique que l'Aristoloche Siphon, elle ne la vaut pas au point de vue décoratif : aussi est-elle fort peu répandue dans les jardins.

Est encore classé comme étant rustique, l'*A. Kæmpferi*, Willd. (Japon), mais il est plus rare encore que le précédent.

CHAPITRE V

LES PASSIFLORES

Les Passiflores vont de pair avec les Clématites comme beauté de fleurs et utilité décorative. Malheureusement, des nombreuses espèces qui composent ce beau genre, une seule, la plus connue du reste, la *Passiflora cærulea*, peut être cultivée en plein air sous notre climat, à condition qu'elle soit plantée dans un endroit bien abrité et que le pied en soit protégé avec de la litière. Toutes les autres Passiflores sont de serre froide, tempérée ou chaude, car beaucoup sont originaires des régions tropicales.

Nous ne nous attarderons pas à décrire ici les caractères du genre, il suffira de faire remarquer que les fleurs des Passiflores, et en particulier celles de l'espèce précitée, sont aussi intéressantes par leur singulière conformation que par leur beauté. Cette singularité leur a, du reste, valu le nom de *fleur de la Passion* ou *Passiflora*, parce que les premiers missionnaires qui observèrent ces fleurs crurent voir, dans la forme et la disposition des étamines et des pistils, une certaine ressemblance avec les instruments qui servirent à la Passion. La figure ci-contre montre nettement l'arrangement intérieur de la fleur. Le nom de *Grenadille*, qu'on donne parfois aux différentes espèces du genre, fait allusion à la couleur rouge de la pulpe des fruits, qui rappelle celle des grenades.

P. cærulea, Linn. Passiflore bleue. — Plante excessivement vigoureuse, susceptible de couvrir de gran-

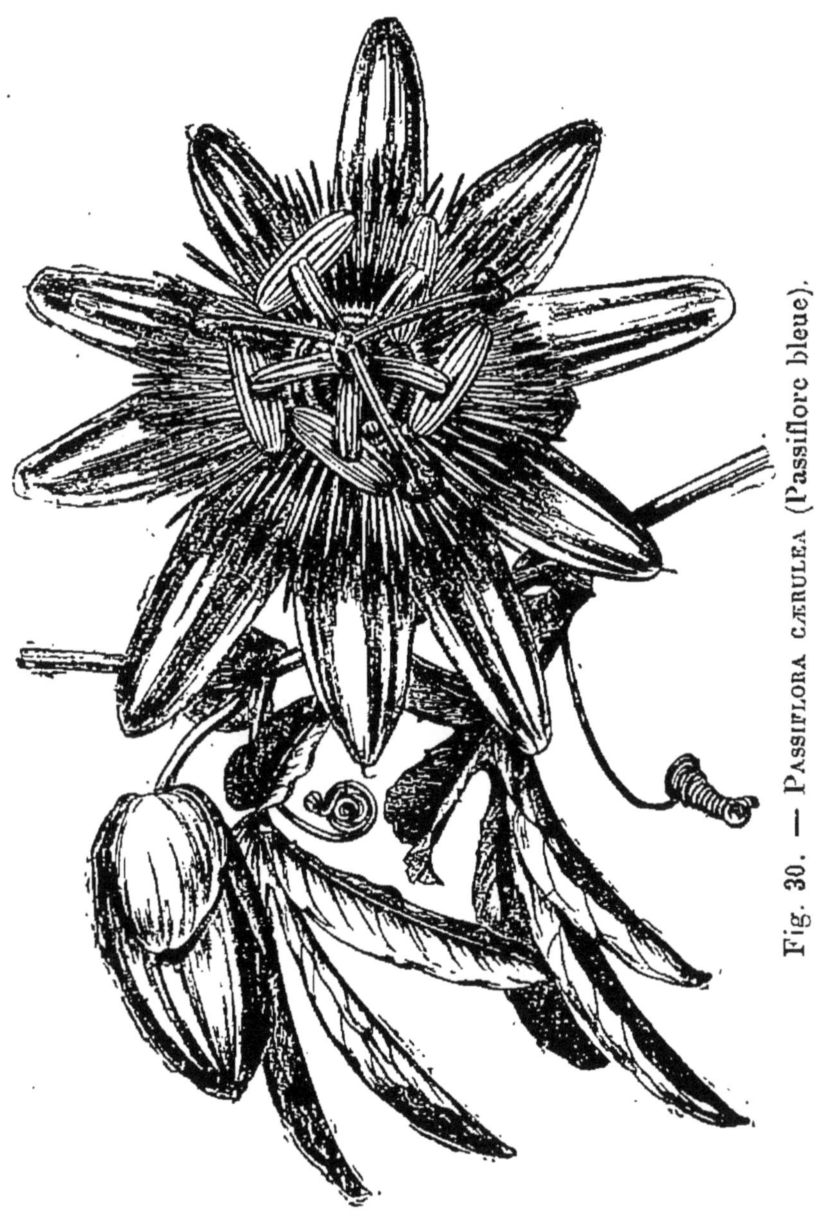

Fig. 30. — Passiflora cærulea (Passiflore bleue).

des surfaces d'une verdure abondante et agréable. Ses rameaux nombreux, très longs, herbacés et verts, sont pourvus de vrilles simples, opposées aux feuilles, à l'aide desquelles ils s'accrochent fortement et grimpent jusqu'à 7 à 8 mètres de hauteur. Les feuilles sont alternes, persistantes, grandes, glabres, pétiolées, à limbe profondément découpé en cinq divisions oblongues et presque entières ; le pétiole porte quatre glandes au sommet et est accompagné à la base de deux stipules amples, foliacées, arquées supérieurement. Les fleurs sont solitaires à l'aisselle des feuilles, courtement pédonculées, très nombreuses et se succèdent pendant toute la durée de la végétation ; elles mesurent 6 à 8 centimètres de diamètre, répandent un parfum léger, mais ne durent qu'un jour. Les sépales et les pétales sont à peu près semblables, oblongs, arrondis au sommet, les premiers un peu plus courts et mucronés ; leur couleur est blanc verdâtre pâle. A l'intérieur de la fleur existe une élégante coronule composée de nombreux filaments disposés en deux cercles et tricolores, c'est-à-dire pourpres à la base, blancs au milieu et bleus au sommet; plus au centre se trouve l'ovaire surmonté d'un style à trois longs stigmates étalés horizontalement et entouré de cinq étamines. Le fruit acquiert la forme et la grosseur d'un petit œuf de poule ; il est d'abord vert, puis orangé à la maturité et sa pulpe a la couleur de la grenade, avec une saveur fraîche et agréable. La plante est originaire du Brésil et du Pérou. Son introduction est fort ancienne ; un traité anonyme de la culture des fleurs, daté de 1696, en faisant mention.

Il existe quelques variétés et hybrides de cette belle plante. La plus remarquable et la plus méritante au point de vue décoratif est celle désignée sous le nom de *Constance Elliott*, dont les fleurs sont grandes, blanc pur et odorantes; elle est peu délicate et presque aussi rustique que le type.

Ces deux Passiflores sont recommandables pour orner les murs et les façades des habitations exposées au plein soleil ; elles conviennent en outre tout particulièrement à la décoration des grandes serres froides et des jardins d'hiver, où l'on fait alors filer leurs longs rameaux autour des piliers, sur les murs de fond ou sur de simples fils de fer au-dessous du vitrage. En serre comme en plein air, on doit de préférence mettre les plantes en pleine terre ; si le sol est léger et sain, on peut les y planter sans autres soins ; mais s'il est humide et compact, il faut drainer le sous-sol et amender la couche arable ou la remplacer totalement par un compost de terre franche et de terre de bruyère ou de sable. Il n'est pas nécessaire que le sol soit très fertile, car la végétation s'emporte alors au détriment de la floraison. Pendant l'été, les arrosements doivent être copieux.

La taille des Passiflores se borne à supprimer les pousses grêles ou celles formant confusion et à rabattre celles qui ont tendance à s'emporter. Ainsi que nous l'avons dit plus haut, il est nécessaire de couvrir fortement le pied de ces plantes pendant l'hiver ; il serait également bon d'en protéger la ramure à l'aide d'une toile, afin de la préserver des gelées autant que possible.

Les Passiflores sont pour ainsi dire exemptes de maladies et, en fait d'ennemi sérieux, nous ne connaissons que la cochenille, qui les attaque de préférence lorsque ces arbustes sont plantés en serre. On détruit facilement cet insecte à l'aide d'une composition d'alcool mélangé de moitié d'eau et que l'on étend avec un pinceau.

Les Passiflores se multiplient facilement et de plusieurs manières. Pour les espèces types, on peut avoir recours au semis. On sème alors en terrines, que l'on tient ensuite en serre ou sous châssis froid. Le bouturage s'effectue facilement aussi et reproduit franchement toutes les espèces et variétés. On fait les boutures au printemps, dans des godets que l'on place ensuite sous cloches ou sous châssis, dans une serre à multiplication ; leur enracinement est assez facile et rapide si la chaleur de fond est bonne. Les jeunes plantes sont ensuite endurcies et mises en plein air ou tenues en serre froide pendant l'été. La greffe ne s'emploie que pour les espèces ou variétés rebelles au bouturage. On se sert comme sujet d'une espèce vigoureuse, ou plutôt, sous nos climats, de la *cærulea*, sur laquelle on pratique la greffe en fente ou en placage. Une fois greffées, les plantes sont mises sous cloches, en serre à multiplication.

FIN

TABLE ALPHABÉTIQUE

DES NOMS LATINS DES PLANTES DÉCRITES OU CITÉES ET DE LEURS SYNONYMES (1)

(1) Les noms des espèces décrites sont en PETITES CAPITALES et celles simplement citées, ainsi que les synonymes et les variétés, sont en *italiques*.

TABLE ALPHABÉTIQUE

DES NOMS FRANÇAIS

PARIS. — IMPRIMERIE F. LEVÉ, RUE CASSETTE, 17.

www.ingramcontent.com/pod-product-compliance
Ingram Content Group UK Ltd.
Pitfield, Milton Keynes, MK11 3LW, UK
UKHW021046200726
13857UKWH00003B/846